海口耕地

张冬明　吴宇佳　吴光辉　主编

中国农业科学技术出版社

图书在版编目（CIP）数据

海口耕地 / 张冬明，吴宇佳，吴光辉主编 .—北京：中国农业科学技术出版社，2021.7

ISBN 978-7-5116-5242-3

Ⅰ.①海… Ⅱ.①张…②吴…③吴… Ⅲ.①耕作土壤-土壤肥力-土壤调查-海口②耕作土壤-土壤评价-海口 Ⅳ.①S159.266.1②S158.2

中国版本图书馆 CIP 数据核字（2021）第 049744 号

责任编辑 史咏竹
责任校对 贾海霞
责任印制 姜义伟 王思文

出 版 者 中国农业科学技术出版社
北京市中关村南大街 12 号 邮编：100081
电　　话 (010)82105169(出版中心) (010)82109702(发行部)
(010)82109709(读者服务部)
传　　真 (010)82106626
网　　址 http://www.castp.cn
经 销 者 各地新华书店
印 刷 者 北京建宏印刷有限公司
审 图 号 琼 S(2021)086 号
开　　本 170 mm×240 mm 1/16
印　　张 7.5 彩插 18 面
字　　数 133 千字
版　　次 2021 年 7 月第 1 版 2021 年 7 月第 1 次印刷
定　　价 39.00 元

版权所有 · 翻印必究

《海口耕地》
编委会

主　　编　张冬明　吴宇佳　吴光辉

副 主 编　曾建华　王绥干　夏海洋

参编人员（按姓氏笔画排序）

王绥干　龙丽婉　吉清妹　刘国彪

吴光辉　吴宇佳　吴宗敌　张冬明

夏海洋　符传良　韩　健　曾建华

雷　菲　谭　晧　潘孝忠

前　　言

海口市是“一带一路”倡议的支点城市之一，是海南自由贸易港核心城市，地处海南岛北部，属热带季风气候，区域位置优越，自然资源丰富，是海南农业大市、重要农产品基地和现代农业示范区。

民以食为天，食以土为本。耕地是人类赖以生存、不可替代的最基本的生产资料，是一切农业生产活动的基础。耕地数量的多少和质量的高低，直接影响农业产业结构、耕地产出水平及农产品质量。开展耕地质量评价和等级划分，是贯彻落实《耕地质量调查监测与评价办法》（农业部令 2016 年第 2 号）和国家标准《耕地质量等级》（GB/T 33469—2016）的职责所在，亦是科学编制海口市自然资源资产负债表的根本要求。2019 年，在海口市农业农村局的指导下，在海口市农业技术推广中心全力配合下，海南省农业科学院农业环境与土壤研究所摸清了海口市耕地质量状况，分析了影响耕地质量提升的主要障碍因子，提出了科学合理的对策建议。本次耕地质量评价是以“第二次全国土地调查”海口市的成果数据为基础，汇集了全市 4 个区共计 1 013 个耕地土壤样品 9 265 项土壤理化性状指标，涵盖 32.51 万条属性数据，数据量大、评价结果科学。

《海口耕地》共分四章。张冬明、吴宇佳、吴光辉负责前言、第二章、第三章前三节、第四章的编写，以及各章节的修改补充和全书的统稿；曾建华、王绥干、夏海洋负责第一章和第三章后四节的编写；张冬明、雷菲负责专题图件的编绘；潘孝忠、龙丽婉、吴宗敬、谭皓和韩健等负责外业调查采样和核对；符传良、刘国彪等负责土壤样品的测试化验。本书可为海口市制定农业发展规划、深化农业供给侧改革、加快高标准农田建设步伐、保证粮食生产安全以及促进农业高质量发展提供数据支撑。

由于成书时间仓促，编写人员水平有限，书中难免有疏漏和不足之处，敬请广大读者批评指正。

编　者

2020 年 12 月

目　　录

第一章　自然与农业生产概况

第一节　地理位置与行政区划

一、地理位置

海南省省会海口市，是海南省政治、经济、科技、文化中心和最大的交通枢纽，是“一带一路”倡议支点城市之一，是海南自由贸易港核心城市，是自然风光旖旎的南方滨海城市，又称“椰城”。海口市位于东经110°08′~110°43′，北纬19°32′~20°06′，由本岛海南岛（部分）、离岛海甸岛和新埠岛组成。地处海南岛北部，东邻文昌市，南接定安县，西连澄迈县，北临琼州海峡与广东省隔海相望。海口市东起大致坡镇老村，西至西秀镇拔南村，两端相距60.6千米；南起大坡镇五车上村，北至大海，两端相距62.5千米。

二、行政区划

老海口市土地面积861.44平方千米。1988年4月13日，全国人民代表大会同意海南行政区独立建省，海口市为海南省省会，2002年10月16日，国务院批复海口、琼山两市合并，成立新海口市。目前，海口市辖秀英、龙华、琼山和美兰4个行政区，下设21个街道、22个镇、207个社区、245个行政村。海口市在农业区划上隶属琼雷及南海诸岛农林区。

第二节　自然环境概况

一、气候条件

海口市地处低纬度热带北缘，属于热带季风气候，冬无严寒，夏无酷暑，四季常青，温暖舒适。全年日照时间长，辐射能量大，年平均日照时数1 954.7小时，太阳辐射量可达11万~12万卡（1卡≈4.186焦耳，全书同）。年平均气温24.4℃，年平均最高气温28.2℃左右，年平均最低气温18.0℃左右；月平均最高气温28.8℃，出现在7月；月平均最低气温18.0℃，出现在1月。年平均降水量2 067毫米，年平均蒸发量1 834毫米；受季风影响明显，降水时期集中，雨季分明，主要集中在5—10月，占年降水量的81.9%，多为热带气旋雨和对流雨（热雷雨），水热同期，11月至翌年4月是少雨季节，常有冬春旱发生。灾害性天气主要有台风、暴雨、雷电、大雾、大风、干旱。

二、地形地貌

海口市地质构造属于雷琼裂谷南部拗陷区。海口市位于琼北新生代断陷盆地中，由新生代琼北断陷盆地（为主）与琼东北隆起（东南部）构成，位于区域性近东西向、近南北向、北东向和北西向断裂的交接复合部位。地层主要属新生代古近纪（为主）至第四纪的滨海相、海陆交互相地层。岩浆岩有零星出露的侵入岩和大面积广布的基性（为主）、超基性火山岩。全市地形略呈长心形，地势平缓。中部有南渡江穿过，南渡江东部自南向北略有倾斜，南渡江西部自北向南倾斜；西北部和东南部较高，中部南渡江沿岸低平，北部多为沿海小平原。全市除石山镇境内的马鞍岭（海拔222.8

米）、旧州镇境内的旧州岭（海拔 199.9 米）、甲子镇境内的日晒岭（海拔 171 米）、永兴镇境内的雷虎岭（海拔 168.3 米）等 38 个山丘较高外，绝大部分为海拔 100 米以下的台地和平原。马鞍岭为全市最高点。地表主要为第四纪基性火山岩和第四系松散沉积物，呈较大面积分布，滨海以滨海台阶式地貌为主，西部以典型的火山地貌为主。

三、成土母质

海口地区出露的最古老地层为寒武系大矛群浅海碎屑岩类，夹含磷、锰、硅质碳酸盐岩类，总厚度2 150米以上；其次为奥陶系浅海碎屑岩，夹有碳酸盐岩类，含笔石、腕足类、双壳类及三叶虫化石，厚度大于 300 米；还有志留系浅海碎屑岩类，含三叶虫和腕足类化石，厚度大于 60 米。沿海第四纪地层发育，除全新世有海相沉积外，更新世极少海相地层。海口母岩和成土母质多样，主要有以下类型：玄武岩占 35.54%，砂页岩占 11.2%，花岗岩占 2.29%，沉积物占 12.09%，河流冲积物占 13.42%，火山堆积物占 16.63%，残坡积物 8.73%。

四、水资源概况

海口自产水资源总量为 19.07 亿立方米，水资源总量折合地表径流深为 830 毫米。海南岛最长的河流南渡江从海口市中部穿过入海。南渡江主流在市区长 75 千米，流域面积1 300平方千米，年径流量 60.99 亿立方米。海口市主要河流有 17 条，其中南渡江水系 7 条，南渡江干流从海口市西南部东山镇流入境内，穿过中部，于北部入海，入海口段从西向东主要分流有海甸溪、横沟河、潭览河、迈雅河和道孟溪。支流有铁炉溪、三十六曲溪、鸭尾溪、昌旺溪（南面溪）、美舍河和响水河；独流入海的河流有 9 条，分别为演洲河、五源河、荣山河、演丰东河、演丰西河、罗雅河、芙蓉河、龙昆沟和秀英沟，另外有白石溪流从文昌市境内出海。境内还有凤谭、铁炉、东湖、凤圮、云龙、丁荣、岭北、玉凤、沙坡等水库，总库容量超过15 000多万立方米。海口市地处南渡江下游河口河网地带和休眠火山口地带，潜水、承压水分布广泛。潜水含水层以南渡江三角洲潜水和玄武岩孔隙裂隙潜水为主，分布范围分别近800平方千米、400平方千米，水位单位涌水量分别可达14.6升/秒、30升/秒。地下承压水处于雷琼盆地，含水总厚度达200~350米，老海口、秀英两段可采量共27万立方米/昼夜。地下热矿泉水处于琼北自流水盆地东北部新生代厚层，分布面积约200平方千米。

第三节　农业生产概况

一、耕地资源概况

海口市耕地总面积为102.23万亩（1亩≈667平方米，全书同）。从土地利用类型统计，水田面积53.33万亩，占全市耕地总面积的52.17%；旱田面积48.82万亩，占全市耕地47.76%；水浇地707.17亩，占全市耕地总面积的0.07%。从区域来分布统计，龙华区16.73万亩，占全市耕地总面积的16.36%；美兰区20.96万亩，占全市耕地总面积的20.50%；琼山区42.15万亩，占全市耕地总面积的41.23%；秀英区耕地22.40万亩，占全市耕地总面积的21.91%（表1-1）。

表1-1　海口市耕地利用类型分布情况

区名称	旱地面积（亩）	水浇地面积（亩）	水田面积（亩）	总计面积（亩）	占全市耕地总面积百分比（%）
龙华区	102 549.33	71.91	64 643.50	167 264.74	16.36
美兰区	72 590.52	168.65	136 793.61	209 552.78	20.50

（续表）

区名称	旱地面积（亩）	水浇地面积（亩）	水田面积（亩）	总计面积（亩）	占全市耕地总面积百分比（%）
琼山区	184 929.54	123.67	236 437.31	421 490.52	41.23
秀英区	128 171.40	342.94	95 456.43	223 970.77	21.91
合　计	488 240.79	707.17	533 330.85	1 022 278.81	100.00

二、农业产业发展情况

2019年，海口市以促进农业增产、农民增收为目的，抓好种植业产业结构调整，加快发展热带果蔬产业，积极发展无公害生产，提高果蔬产品质量，取得显著成效。全年种植业增加值38.86亿元，比2018年增长5.5%。全年农作物总播种面积100.00万亩，比2018年增长0.9%。粮食播种面积38.98万亩，比2018年上涨0.6%。油料播种面积4.69万亩，比2018年下降3.1%。蔬菜播种面积39.36万亩，比2018年下降1.1%。水果种植面积0.82万亩，比2018年下降15.9%。橡胶种植面积17.05万亩，比2018年上涨4.6%。胡椒种植面积5.11万亩，比2018年下降1.3%。

目前，海口市瓜果蔬菜生产呈几大特点：一是要稳定种植面积，长期以来海南岛作为全国冬季瓜果蔬菜基地，担负着全国“菜篮子”的重任，海口市在海南岛的瓜果蔬菜生产中具有举足轻重的作用。因此要确保全国人民的吃菜安全，必须确保和稳定瓜菜种植面积，稳固近郊菜田生产能力，充分发挥近郊菜农种植技术、管理经验和区位优势，扶持完善蔬菜种植基地设施，稳固和扩大种植面积，发展精致农业。并且要将常年蔬菜基地纳入基本农田保护区，实事求是地对现有的常年蔬菜基地进行优化调整，剔除低洼易涝低产的种植面积，增补宜产高效的蔬菜种植基地，实现常年蔬菜基地有效种植面积3万亩动态平衡，确保每天有750亩以上蔬菜可收获，每天上市量不低于560吨。二是要合理安排种植周期，根据海南气候特征，每年的12月和翌年的1月、2月都会出现气温不利蔬菜生产的小段时间，因此要围绕天气做足文章，确保在全国气温最冷的几个月份，在内地蔬菜生产能力不足和蔬菜市场消费量较大增长的情况下，能保持新鲜的蔬菜的供应，必须引导农户不要过于集中种植，避免产品集中上市，触发价格战，出现价低伤农的情况。三是要进一步优化种植布局，根据各区气候、土壤、水文、种植习惯、种植技术等特点，加快调整优化农业产业结构，优化区域布局。调减、调优甘蔗、老龄橡胶等低效作物，新增种植荔枝、莲雾、胡椒等高效作物，着力突出打造“四个特色种植产业带”：以三江镇、云龙镇为主的莲雾产业带，以大坡镇、三门镇为主的胡椒产业带，以新坡镇、石山镇为主的石斛产业带，以甲子镇为主的牛大力产业带。四是要狠抓质量安全关，重点要严格落实属地监管责任，加强农药市场监管，必须对责任区内的瓜菜从栽培、农药使用、采摘、上市全过程进行管理，加强农药使用技术指导，引导生产者科学用药，督促农户建立健全生产记录，加强对责任区瓜菜质量安全田头检测；建立健全农药经营单位档案，实行信息化管理，建立可追溯的农药销售电子台账，定期对农药产品物流配送企业、热带水果种植园区、菜篮子蔬菜基地开展用药专项检查。五是狠抓科技推广服务，一方面积极开展良种良苗推广工作，实施品种更新工程，加大新品种引进和植株开发力度，试验、示范、推广适合市场需要的新品种，另一方面加强技术指导服务工作，紧紧围绕“两减”“三增”“三结合”（即减化肥和减化学农药，增施有机肥和生物肥、增加废弃物回收利用、增加秸秆综合利用，水肥结合、种养结合、地力改善和病虫害防控结合）的基本思路，确保瓜菜安全和农民持续增收。推进测土配方施肥、增施有机肥、使用推广微生物制剂和添加土壤改良剂等耕地质量保育措施的推广应用。继续推广生物降解地膜示范、试验工作，以及集中回收农业生产废弃物并无害化处理的工作，并提升畜禽养殖废弃物资源化利用水平，降低农业面源污染，保护农村生态环境，促进农业可持续发展。

（一）海口市品牌农业发展现状

海口市市场监督管理局加大地理标志证明商标的培育和申报力度，建立地理标志重点培育名单，加强与农业农村局等部门沟通，主动深入农村、农民专业合作社、农业产业化重点龙头企业调研，摸清特色农产品情况，通过现场走访调查、查阅资料和座谈了解的方式，现场指导和鼓励相关团体、协会及其他组织积极申报地理标志证明商标；与相关协会进行沟通交流，积极引导协会建立健全协会章程，鼓励合作抱团经营，建立起政府指导、协会主抓的地理标志工作机制，为全市地理标志跨越式发展奠定了坚实基础。

当前，海口市有涉农知名商标 7 832 个，其中中国驰名商标 5 个，海南省著名商标 26 个、名牌农产品 18 个，知名农业品牌持有量约占全省 40%。无公害农产品 95 个、绿色食品 19 个。地理标志农产品 12 个（永兴荔枝、永兴黄皮、石山壅羊、石山黑豆、大坡胡椒、三门坡荔枝、石山红芝麻、永兴佛手瓜、云龙淮山、云龙莲雾等获得国家工商总局地理标志证明商标；永兴荔枝、永兴黄皮、石山壅羊同时还取得农业农村部农产品地理标志登记）。海口市还将积极申报云龙萝卜、云龙玉兰笋、三门坡沙姜、甲子绿头鸭、甲子红椰、红旗乳鸽、红旗莲花、大坡蜜柚、大坡番石榴、旧州龙眼、旧州冷泉水芹、旧州芦荟等 17 个农产品的地理标志。

（二）海口市热带水果发展概况

海口市根据区域气候特点和市场需求，积极调整热带水果产业结构，大力发展热带水果产业，积极打造海口水果品牌，包括火山荔枝、永兴黄皮和海口莲雾等，持续打响“海口火山荔枝”品牌，提升“海口火山荔枝”品牌价值。2019 年海口市水果种植面积 0. 82 万亩，下降 15. 9%，水果产量 22. 80 万吨，下降 7. 3%。其中，荔枝收获面积 7. 32 万亩、产量 4. 29 万吨，同比分别下降 3.9%、20.7%；莲雾收获面积 0.22 万亩、产量 0.16 万吨，同比分别增长 37.7%、17.6%；菠萝收获面积 2.12 万亩、产量 4.38 万吨，同比分别下降 36.8%、13%。

（三）海口市热带兰花产业概况

2019 年，海口市花卉种植面积 4 800 公顷，占全省花卉生产面积 50.86%，花卉年产值 12 亿元，增长 9%。海口市把兰花作为调整农林业结构、促农增收的特色产业。2018 年根据《海口市推进热带花卉产业发展实施方案》，全年省下达花卉种植任务 333.33 公顷，完成种植 356.47 公顷，超额完成了任务。目前，海口兰花产业园正在建设组培中心，主打培育蝴蝶兰、文心兰等品种，育有优良品种 100 多个，500 多万株，产值高达 1 亿多元。

海口市现有大小花卉市场 12 个，其中综合性花卉交易市场 2 个。海南花卉大世界累计投入 3.6 亿元进行总体开发建设，有 156 家国内外花卉企业进驻，并成功承办海南省迎春花市、国际盆景根雕赏石展及元宵换花活动等。海口市以花卉产业开展精准扶贫取得明显成效，但产业规模及产业链仍与我国云南、台湾、福建等地花卉产业相差甚远。不少专家、企业人士指出海口兰花产业目前仍处于“花蕾期”，有待产业政策、地方政策及金融政策等多方“施肥”，才能迎来兰花产业的真正盛放。

（四）海口市畜牧业发展概况

海口市畜牧业在“十三五”期间得到跨越式发展，为“菜篮子”供应提供了有力保障。2019 年受到非洲猪瘟疫情的影响，海口市畜牧业增加值为 20.49 亿元，较 2018 年下降 14.8%。海口市坚持“稳猪、增禽、促牛羊”的发展思路，结合“三区”划定（禁养区、限养区、养殖区），调整优化养殖方式和优化养殖结构，积极推进畜牧业“菜篮子”养殖基地建设，加大项目扶持力度。积极引入罗牛山股份有限公司、双胞胎（集团）股份有限公司、河南牧原股份有限公司、新希望农业有限公司、海南海牧动物生物制品供应站等龙头企业，发动村民成立合作社，指导农户进行专业化、规模化、集约化养殖，形成“公司+公司”“公司+农户”“公司+合作社+农户”模式。鼓励牛、羊和禽类养殖场扩大养殖规模，保证全市肉类产品供应。

（五）海口市海洋渔业发展概况

海口市是海南省重要渔业基地和最大的海产品集散地之一。管辖海域面积 861.44 平方千米，海岸线 136.23 千米。年平均水温 25℃，最高 34℃，最低 17.2℃。渔业资源主要有鱼类、虾类、蟹类、贝类等。其中鱼类有 100 多种，常见且质优的鱼类有马鲛鱼、黄花鱼、鲻、金线鱼、石斑鱼、海鲤鱼等；虾类有斑节对虾、沙虾、青虾等；蟹类有锯缘青蟹、小蟹、花蟹、膏蟹、梭子蟹等；头足类与贝类有乌贼、墨鱼、鲍鱼、泥蚶、牡蛎等；大型藻类主要为长茎蕨藻、麒麟菜、马尾藻等；传统药用海洋生物有海蛇、海马、海龙、海参、海胆、海星、海兔等。生态类型多样，生长期长，发展渔业生产具有明显的资源优势和区位优势。

2019 年，海口市海洋渔业增加值为 7.64 亿元，海洋生态环境保持国内一流水平。自 2018 年 7 月 26 日，海口市政府办公厅印发实施《海口市养殖水域滩涂规划（2016—2030 年）》，将海口市养殖水域滩涂划分为 3 个基本功能区（禁止养殖区、限制养殖区、养殖区）以来，海口市坚持以科技创新为支撑，以转变养殖水域滩涂发展方式、生态环境保护、优化水产养殖产业结构和惠及民生为宗旨，设定发展底线，稳定基本养殖面积，推进海口市水产养殖业提质增效升级，实现绿色发展和高质量发展，保障渔民合法权益。

目前，海口市正加快 2 个海洋牧场建设。一是东海岸海洋牧场示范基地，以人工鱼礁区为主的公益性海洋牧场，面积 100 公顷，由农业农村部专项资金支持，总投资 2 000 万元，2019 年已完成 2.3 万空方人工大礁体和 840 万只增殖鱼虾的投放工作。二是海口市西海岸现代化海洋牧场，于 2018

年9月12日立项批复，为公益性和经营性结合海洋牧场，总面积670公顷，总投资6.76亿元；主要建设内容包括烈楼港渔人码头、休闲深水网箱、苗种繁育及实验基地、人工鱼礁、底播增养殖、牡蛎养殖、现代信息化平台等，拟通过人工鱼礁、底播增殖放流，修复海洋生态环境，养护渔业资源，引导渔民发展休闲渔业、让渔民离捕不离海。

三、农业农村经济发展概况

海口市陆地总面积2 284.49平方千米，海域总面积861.44平方千米。东西长60.6千米，南北宽62.5千米，下辖4个区。2018年，全市年末户籍人口230.23万人，聚居了汉族、黎族、苗族等20多个民族。

2019年，全市生产总值（GDP）1 671.93亿元，比2018年增长7.5%。其中，第一产业增加值71.18亿元，下降1.4%；第二产业增加值276.00亿元，增长3.6%；第三产业增加值1 324.75亿元，增长8.8%。三次产业结构调整为4.3∶16.5∶79.2。三次产业对经济增长的贡献率分别为-0.8%、5.8%和95.0%，第三产业作为经济稳定器的作用更为明显。

2019年，海口市认真贯彻学习习近平总书记“4·13”重要讲话、中共中央办公厅与国务院办公厅印发的《关于统筹推进自然资源资产产权制度改革的指导意见》、十九届四中全会精神和海南省委七届四次全会精神，认真贯彻落实2019年中央一号文件、海南省和海口市农村工作会议精神，认真抓好党建引领、乡村振兴、农村改革、生态建设、扶贫产业、热带特色高效农业等方面的工作。大力实施乡村振兴战略，围绕构建“一支柱两支撑”产业发展格局，以实施乡村振兴战略为总抓手，以深化农业供给侧结构性改革为主线，以打造热带特色高效农业王牌为主攻方向，以促进农民增收为目标，着力推进质量兴农、绿色兴农、科技兴农、品牌兴农，保证了全年农业经济总体的稳定增长。2019年，全市实现农林牧渔业增加值 75.78 亿元。

（一）持续推进农业产业结构调整

海口市致力于加快调整优化农业产业结构，调减、调优甘蔗与老龄橡胶等低效作物，新增种植荔枝、莲雾、胡椒、槟榔、香蕉、菠萝、蔬菜等高效作物。着力突出“四个特色种植产业带”，集中打造形成以三江、云龙等镇为主的莲雾产业带，以大坡、三门坡等镇为主的胡椒产业带，以新坡、石山等镇为主的石斛产业带，以新坡、东山等镇为主的蔬菜产业镇，以甲子镇为主的牛大力产业带。

（二）林业经济亮点突出

在国际原油价格低位波动和国内合成橡胶产能过剩的背景下，天然橡胶产业价格持续走低，但海口市 2019 年橡胶产量比上年增长 9.34%，并划定了天然橡胶生产保护区面积 0.37 万公顷。另外，海口市林业局充分利用丰富的动植物资源，大力发展“林蜂”“林药”“林禽”等模式的林下经济产业。林下套种新增石斛 13.5 公顷，新增“林药”面积 12 公顷。同时，因地制宜发展林下养鸡、养鸭，以及果子狸、滑鼠蛇、龟等驯养业。充分利用有限森林资源发展立体林业，演丰、灵山、三江、红旗、云龙、三门坡、咸来等镇及岭脚热作农场，依托橡胶林及果园种植散尾葵、巴西铁、龟背竹等鲜切叶 1 500 公顷。还积极发展现代农业产业园示范基地和苗木建设，辐射和带动海口市林业经济增长，成为全市经济增长新亮点。

（三）着力恢复生猪生产

2019 年 4 月海口市发生非洲猪瘟疫情，市委市政府重塑“生猪供应—屠宰—配送—市场监管”保障体系，迅速恢复“放心肉”供应，出台了强化防控期间猪肉供应保障、加强动物防疫体系建设、生猪规模养殖场稳定生产财政补贴、促进生猪产业转型升级保障市场供应等一系列政策措施。同时，走访并协助各养殖大户做好生猪生产和正常供应，防止生猪外流，进驻两大屠宰厂从源头掌握监督屠宰环节。对供应海口市屠宰的生猪按黑猪200元/头、白猪50元/头给予补贴，有效保障了市场稳定和供给充分。目前，海口市正积极引进并支持新希望集团、海南农垦畜牧集团等省内外农牧龙头企业建设现代化标准化生猪规模养殖场，支持有实力的企业参与生猪养殖业，促进生猪产业转型升级，力争2021年生猪出栏量达到70万头，实现全市生猪自给率70%以上。结合“三区”划定（禁养区、限养区、养殖区），调整优化养殖方式，鼓励“公司+合作社+农户”模式，带动农户生猪产业发展。

（四）建设现代渔业产业园

由于连续的环保重压、渔船减船转产、涉渔“三无”船舶退出、近岸3海里（1海里=1.852千米，全书同）禁止捕捞、伏季休渔时间延长等原因，海口市传统的捕捞渔业水产品产量下降明显。海口市计划将引进有实力的企业牵头，在西秀镇荣山村水产养殖片区和拔南养殖片区建设海口渔业产业园。该产业园以渔业种质研发、渔业种苗生产、科普推广、进出口渔业销售、农渔休闲游五大主题产业为基础，将打造成“产”“学”“研”“销”“游”五位一体，具有主题产业支持和特色旅游服务的渔业现代展示园。

第四节　耕地土壤资源

一、耕地主要土壤类型

全市耕地土壤涉及砖红壤、水稻土、火山灰土、新积土、紫色土、赤红壤、风沙土、石质土和滨海盐土共9个土壤类型，10个亚类、35个土属、47个土种。海口市主要土壤分类系统及面积如表1-2。

表 1-2　海口市耕地土壤分类系统及面积

土　类	亚　类	土　属	土种名	面积（亩）
滨海盐土	滨海潮滩盐土	滨海潮滩盐土	滨海砂滩	3 880
	滨海盐土	滨海盐土	滨海盐土	1 056
赤红壤	黄色赤红壤	砂页岩黄色赤红壤	页黄赤红土	202
风沙土	滨海风沙土	半固定沙土	半固定沙土	1 335
	滨海风沙土	固定沙土	灰滨海沙土	2 031
火山灰土	基性岩火山灰土	基性火山灰土	中火山灰土	170 545
石质土	酸性石质土	花岗岩石质土	麻石质土	550
	中性石质土	中性石质土	火山灰石质土	22 193
水稻土	漂洗型水稻土	白鳝泥田	白鳝泥田	3 276
	漂洗型水稻土	砂漏田	燥砂漏田	1 859
	潴育型水稻土	潮砂泥田	潮沙泥田	111 871
	潴育型水稻土	赤土田	赤土田	288
	潴育型水稻土	河砂泥田	河砂泥田	1 725
	潴育型水稻土	洪积黄泥田	洪积砂泥田	2 020
	潴育型水稻土	花岗岩褐色赤土田	麻褐赤土田	743
	渗育型水稻土	浅海沉积物赤土田	浅海赤土田	24 635
	渗育型水稻土	浅燥红土田	浅燥红土田	53 511
	潜育型水稻土	青泥格田	页青泥格田	6 796
	淹育型水稻土	浅脚炭质黑泥田	浅炭质黑泥田	14 844
	淹育型水稻土	生泥田	生潮砂泥田	5 943
	淹育型水稻土	生泥田	生赤土田	7 365
	淹育型水稻土	生泥田	生浅海赤土田	2 664
	淹育型水稻土	生泥田	生页赤土田	4 872
	脱潜型水稻土	低青泥田	页低青泥田	3 063
	盐渍型水稻土	咸田	中咸田	4 470
新积土	冲积土	菜土	菜土	7 045
	冲积土	冲积土	灰潮砂泥土	10 643

（续表）

土 类	亚 类	土 属	土种名	面积（亩）
砖红壤	褐色砖红壤	花岗岩褐色砖红壤	麻褐赤土	170
	褐色砖红壤	砂页岩褐色砖红壤	中页褐赤土	55 485
	黄色砖红壤	花岗岩黄色砖红壤	中麻黄赤土	87 327
	黄色砖红壤	浅海沉积物黄色砖红壤	浅黄赤土	1 239
	黄色砖红壤	玄武岩黄色砖红壤	灰黄铁子赤土	2
	砖红壤	浅海沉积物砖红壤	浅海赤土	5 623
	砖红壤	花岗岩砖红壤	中麻赤土	22 514
	砖红壤	砂页岩砖红壤	中页赤土	25 363
	砖红壤	玄武岩砖红壤	中赤土	333 817
紫色土	酸性紫色土	酸性紫色土	紫色土	21 310
合 计				1 022 279

二、耕地土壤培肥改良情况

（一）主要技术措施

1. 农艺技术措施

在坡耕地上，采取合理的农业耕作措施，可以改变小地形，增加地面覆盖，改良土壤，从而达到保持水土、提高农业产量的作用。农艺技术措施主要如下。

（1）横坡耕作

横坡耕作就是沿等高方向进行耕作，用以减缓坡度拦蓄径流、降低流速、增加入渗时间，使土壤保蓄更多的水分。这类方法在琼北地区的荔枝、杧果种植园利用比较普遍。

（2）密植、间作、套种

这些农作物的种植方法，是我国农民长期生产实践中创造出来的，也是简易可行、人工少、收效快、好处多的水土保持农业技术措施。这些技术措施能够增加地面农作物的空间覆盖，也增加了土壤中的根系，对于固结土壤有很大的作用，从而减少水土流失。密植程度可根据作物品种、生长期的长短、土壤的肥瘦和深耕程度来决定。如株形高大、生长期长或土地瘦薄的栽植密度要小一些；反之，栽植密度要大一些。

（3）深翻改土与增施有机肥料

深翻改土与增施肥料，是熟化培肥新修农田，改良坡地土壤瘠薄、板结等不良性状的根本措施。它可以改善土壤透水性、保水能力及土壤板结情况，进而减弱地表径流的流量与流速，增强土壤的抗冲抗蚀能力，而且也活化了表层土壤。

2. 工程技术措施

工程措施是通过系列建设工程来达到改善环境的目的，工程技术包括坡改梯技术、节水灌溉工程技术、中低产田暗灌工程技术、水利设施建设、渠系配套与渠道防渗工程、小水利工程建设与加固利用、预制构件制作技术等方面。如修建以抽、提、引、蓄相配套的拦山沟、地头水柜等小水利工程，改善旱耕地的水利条件，减轻季节性干旱对旱作的影响。推广现代节水灌溉工程技术，通过喷灌技术、微灌技术、地下灌溉技术、改进地面灌水技术、精细地面灌溉技术、坐水种技术、非充分灌溉技术等，均可大幅度提高水资源利用效率。

（1）坡改梯工程技术措施

在中部山区独特的地理环境制约下，耕地形成了分布较散、海拔跨度大、坡地多、旱地多的基本特点，从坡耕地改造的农田基本建设出发，应本着长远的观点，因地制宜，作出全面规划。

（2）水利工程技术措施

坡面蓄水措施：引（蓄）水沟又叫截留沟，用它将坡面暴雨径流引到蓄水工程里，引水沟的大小是根据集水面积、植被覆盖程度、坡度陡缓和降水量估算来水量的大小，决定沟的大小和数量。

蓄水池：蓄水池应尽量利用高于农田的局部低洼天然地形，以便汇集较大面积的降雨径流，进行自流灌溉、自压喷灌和滴灌，为了防止漏水，蓄水池应选择在土质坚实的地方。蓄水池的容量应根据降水量、集水面积、径流系数和用水量的大小，通过水利计算来确定，为了减少蒸发和渗漏，蓄水池不宜过小，宜深不宜浅，以圆形为最好，也可以采用其他形状。

水窖：红土地区及严重缺水的石质山地，群众很早就创造的一种蓄水措施，用以解决饮水和浇灌。修水窖，技术简单，投资少，收效快，占地少，蒸发也少，群众欢迎。窖址应选在水源充足，土层深厚而坚硬，在石质山地应选在不透水的基岩上，上有来水、下有田灌的有利地形。水窖总容积是水窖群容积的总和，应与其控制面积的来水量相适应，来水量可根据5~10年一遇的最大降水量大小、集水区面积大小、径流系数来估算。

3. 生物技术措施

从大农业的观点出发，合理利用土地资源，农林牧相结合，果、茶、林、草与农作物合理配置，建成“高山远山用材林，低山近山经济林，村前村后果竹林，河渠路旁速生林”的规划，具体农田建设生态技术措施有以下几种。

水土保持林：包括坡顶防护林，地势陡峻不宜耕种地段（即坡度>25°），树种以桤木、洋槐、紫穗槐等为主，进行乔木、灌木、草混种。

护坡林：绿化陡坡、坡管，固土防冲，以保护改造好的基本台地，树种以灌木林为主。

沟底防冲林：在不宜修坎、堰地段，中间留水路，两边造林，一般靠集流线种灌木、夹竹桃，山脚种乔木。

农田防护林：林带垂直于风害方向，或沿梯田（地）长边建主林带，沿短边建副林带，以保护农田及农田种植物。

种草护坡埂：把饲料、肥料、药材结合起来，发展埂边经济，也可以在“四边”规划种植，如胡枝子、龙须草、含羞草等。

4. 化学技术措施

化学改良措施目前应用得还较少，但发展却很快。化学措施主要包括施用土壤调理剂、土壤改良剂、抗旱保水剂、植物生长调节剂等，能够起到疏松土壤、改变土壤结构、增加土壤通透性和保水保肥性能、改良土壤理化性质、增加盐基代换容量、调节土壤酸碱度增强土壤缓冲能力等作用。土壤改良剂可以在春播前或秋收后结合深翻一次性施入土壤中，也可以与有机肥混合拌匀后施入。

（二）改良效果

一是改善了农田旱季灌溉及雨季的防洪、排涝问题。通过改造，增强了农业抗御自然灾害的能力。

二是提高了土地综合生产力。通过基础设施建设，改善田间排灌功能，增强耕地综合生产能力，扩大农业科技措施推广，粮食产量得到明显提高。

三是促进产业结构调整，增加农民收入。通过中低产田地改造，改善了农业基础设施，促进了农业产业结构调整和冬季农业开发，提高复种指数，提高了耕地产出率，提高了产值，增加了农民收入。

四是以沟渠道路等基础设施建设为重点，着力打造规模化、设施规范化的现代农业示范区，带动周边地区农业产业发展，实现农民增收、农业增效、农村稳定发展。

五是通过化学措施调控植株生长发育和生理生化过程，能有效增强植株抗逆性，该措施简易可行，效果显著，应变能力强，在干旱半干旱地区对一些难以预期的或周期性的干旱，可作为一种应急措施，增强作物耐旱性，减少旱灾损失。

第二章　耕地质量评价方法与步骤

第一节　材料的收集与处理

一、硬件及资料准备

（一）硬件、软件

硬件：计算机、GPS、扫描仪、数字化仪等。

软件：主要包括 Windows 操作系统 Office 办公软件，Access 数据库管理软件、SPSS 数据统计分析应用软件，ArcGIS、ENVI、PhotoShop 等专业技术软件。

（二）资料与工具准备

耕地质量评价需要收集与评价有关的各类自然和社会经济因素资料，主要包括相关的野外调查资料、分析化验资料、基础图件资料、统计资料和其他资料等。

1. 野外调查资料

野外调查资料主要包括采样调查器具（包括铁锹、圆状取土钻、竹片、GPS、照相机、铝盒、样品袋、样品箱、样品标签、铅笔、资料夹、工作服等），以及采样地块地理位置、自然条件、生产条件、土壤情况的记录表等，详细耕地质量等级评价野外调查内容见表 2-1。

表 2-1　耕地质量等级评价野外调查内容

类　别	调查内容		
基本信息	统一编号	采样年份	采样目的
地理位置	省（市）名称	地（市）名称	县（区）名称
	乡（镇）名称	村组名称	海拔高度（米）
	经度（°）	纬度（°）	
自然条件	地貌类型	地形部位	田面坡度（°）
生产条件	水源类型	灌溉方式	灌溉能力
	排水能力	地下水埋深（米）	常年耕作制度
	熟制	生物多样性	农田林网化程度
	主栽作物名称	年产量（千克/亩）	
土壤情况	土类	亚类	土属
	土种	成土母质	质地构型
	耕层质地	障碍因素	障碍层类型
	障碍层深度（厘米）	障碍层厚度（厘米）	耕层土壤容重（克/立方厘米）
	有效土层厚度（厘米）	耕层厚度（厘米）	耕层土壤含盐量（%）
	盐渍化程度	盐化类型	土壤 pH 值
	有机质（克/千克）	全氮（克/千克）	有效磷（毫克/千克）
	速效钾（毫克/千克）	缓效钾（毫克/千克）	有效铜（毫克/千克）
	有效锌（毫克/千克）	有效铁（毫克/千克）	有效锰（毫克/千克）
	有效硼（毫克/千克）	有效钼（毫克/千克）	有效硫（毫克/千克）
	有效硅（毫克/千克）	铬（毫克/千克）	镉（毫克/千克）
	铅（毫克/千克）	砷（毫克/千克）	汞（毫克/千克）

2. 基础图件资料

基础图件资料主要包括省级土地利用现状图、土壤图、行政区划图、地形地貌图、地名注记图、交通线路图、河流水域图等。其中，土壤图、土地利用现状图、行政区划图主要用于叠加生成评价单元图；地形地貌图主要用于判读评价单元的地形部位；地名注记图、交通线路图、河流水域图等主要用于辅助编制成果图件。

3. 统计资料

海口市近3年的统计年鉴和农业统计年鉴。包括人口、土地面积、耕地面积、近年主要种植作物播种面积、粮食单产与总产、肥料投入等社会经济指标数据；名优、特色农产品的分布与数量等资料。

4. 其他资料

其他资料包括海口市各区全国第二次土壤普查成果资料（土壤志、土种志、土壤普查专题报告等）；历年县域耕地地力调查与质量评价成果资料；近年来高标准基本农田建设等相关的农田基础设施建设、水利区划相关资料；各市县（区）耕地质量监测点数据资料及历年相关试验点土壤检测资料等。

二、评价样点的确定

本次评价的属性数据主要是来自现场调查获取的立地条件和土壤管理方面的数据，室内测试分析获得的养分等数据，以及历史图片数字化的数据。现场采土调查的点位密度约为每1 000亩一个样点，在布点时遵循以下几条原则。

一是按照每1 000亩左右一个样点的标准进行布点，结合不同地形条件可在此基础上进行适当加密。

二是具有广泛的代表性，兼顾各种地类、各种土壤类型。

三是兼顾均匀性，综合考虑样点的位置分布，覆盖所有县域范围。

四是布点时结合测土配方施肥样点、耕地质量长期定位监测点数据进行，保证数据的延续性和完整性。

五是综合考虑各种因素，做到顶层设计，合理布设的样点一经确定后随即固定，不得随意更改。

2019年海口市耕地面积102.23万亩，参与本次评价的样点数为1 002个。各区参评样点情况详见表2-2。

表2-2　各区耕地质量评价采样点分布情况

区　名	样点数（个）	区　名	样点数（个）
龙华区	131	琼山区	412
美兰区	222	秀英区	237

三、耕地质量外业调查

（一）调查内容数据项

野外调查数据主要包括：统一编号、县（区）名称、乡（镇）名称、村组名称、海拔高度、经度、纬度、土类、亚类、土属、土种、成土母质、地貌类型、地形部位、有效土层厚度、耕层厚度、耕层质地、耕层土壤容重、质地构型、常年耕作制度、熟制、生物多样性、农田林网化程度、pH值、障碍因素、障碍层类型、灌溉方式、灌溉能力、水源类型、排水能力、有机质、全氮、有效磷、速效钾、缓效钾、有效铁、有效锰、有效铜、有效锌、有效硼、有效钼、有效硅、有效硫、主栽作物名称、年产量等。

（二）数据项整理归并数据填写规范

野外调查采样同时填写耕地质量等级评价野外调查表（表2-1），除分析检测项外，都要求按标准填写，不能空项，数据项值域符合规范。耕地质量调查指标属性划分详见表2-3。

表 2-3　耕地质量调查指标属性划分

调查指标	属性划分
成土母质	湖相沉积物、江海相沉积物、第四纪红土、残坡积物、洪冲积物、河流冲积物、火山堆积物
地貌类型	平原、山地、丘陵、盆地
地形部位	平原低阶、平原中阶、平原高阶、宽谷盆地、山间盆地、丘陵下部、丘陵中部、丘陵上部、山地坡下、山地坡中、山地坡上
灌溉方式	沟灌、漫灌、喷灌、滴灌、无灌溉条件
水源类型	地表水、地下水
熟制	一年一熟、一年两熟、一年三熟、一年多熟、常年生
主栽作物	水稻、花生、甘蔗、玉米、小麦
有效土层厚度	≥100 厘米、60~100 厘米、<60 厘米
耕地质地	中壤、重壤、砂壤、轻壤、砂土、黏土
土壤容重	适中、偏重、偏轻
质地构型	上松下紧型、海绵型、松散型、紧实型、夹层型、上紧下松型、薄层型
生物多样性	丰富、一般、不丰富
清洁程度	清洁、尚清洁
障碍因素	侵蚀、砂化、偏酸、瘠薄、潜育化、盐渍化、无障碍层次
灌溉能力	充分满足、满足、基本满足、不满足
排水能力	充分满足、满足、基本满足、不满足
农田林网化程度	高、中、低

统一编号：统一编号采用 19 位编码，由 6 位邮政编码、1 位采样目的标识、8 位采样时间、1 位采样组及 3 位顺序号组成。

省（市）名称、地（市）名称、县（区）名称、乡（镇）名称、村组名称、采样年份：依据行政区划图以及实地采样调查时间、地点填写。

经度、纬度、海拔高度：通过实地采样调查 GPS 定位读取数据。

土类、亚类、土属、土种：依据《中国土壤分类与代码》（GB/T 17296—2000）填写。

成土母质：依据土壤类型及成土因素填写。按照成土母质来源、成土因素及过程不同，将海口市耕地成土母质归并为江海相沉积物、第四纪红土、残坡积物、洪冲积物、河流冲积物、火山堆积物六大类。

地貌类型：依据调查样点耕地所处的大地形地貌填写。分为平原、山地、丘陵、盆地 4 种类型。

地形部位：依据调查点耕地所处的地貌类型、等高线地形图、海拔高度，结合其位于地貌类型的部位进行判读。可归纳为平原低阶、平原中阶、平原高阶、宽谷盆地、山间盆地、丘陵下部、丘陵中部、丘陵上部、山地坡下、山地坡中、山地坡上 11 种类型。

灌溉方式、水源类型、常年耕作制度、熟制、主栽作物名称、年产量：依据实地调查填写。灌溉方式分为沟灌、漫灌、喷灌、滴灌、无灌溉条件；水源类型包括地表水、地下水；熟制包括一年一熟、一年两熟、一年三熟、一年多熟、常年生；主栽作物主要有水稻、花生、甘蔗、玉米、小麦等。

pH 值、有机质、全氮、有效磷、速效钾、缓效钾、有效铁、有效锰、有效铜、有效锌、有效硼、有效钼、有效硅、有效硫、铬、镉、铅、砷、汞：依据野外调查样品分析检测结果填写。

有效土层厚度、耕层质地、土壤容重、质地构型、生物多样性、清洁程度、障碍因素、灌溉能力、排水能力、农田林网化程度：依据《耕地质量等级》（GB/T 33469—2016）的附录华南区耕地质量等级划分指标，并结合实地调查情况填写（表 2-1）。

四、数据资料审核

海口市耕地质量评价与等级划分数据资料来源广，数据量大，涉及调查人员多，数据的可靠性和有效性直接影响耕地质量评价结果的合理性、科学性和符合性，所以数据资料的审核与质量把控尤为重要。数据资料审核的方法包括人工检查和机器筛查，包括基本统计量、计算方法、频数分布类型检验、异常值的判断与剔除等，主要审查数据资料的完整性、规范性、符合性、科学性、相关性等。通过纵向审查快速发现缺失、无效或不一致的数据，通过横向审查轻松找出各相关数据项的逻辑错误，并进行修正，保证最后调查所得数据的完整性、一致性和有效性。

第二节　评价指标体系的建立

一、评价指标的选取原则

评价指标是指参与评价耕地质量优劣的一种可度量或可测定的属性，科学选择评价指标是科学评价耕地质量的前提，直接影响耕地质量评价结果的合理性和准确性。本次耕地质量评价指标的选取主要依据《耕地质量等级》（GB/T 33469—2016），综合考虑评价指标的科学性、综合性、主导性、可比性、可操作性等原则。

科学性原则：指标体系能够客观地反映耕地综合质量的本质及其复杂性和系统性。选取评价指标应与评价尺度、区域特点等有密切的关系，因此，应选取与评价尺度相应、体现区域特点的关键因素参与评价。本次评价以全市耕地为评价区域，既需要考虑地形地貌、农田林网化程度等大尺度变异因素，又要选择与耕地质量相关的灌排条件、土壤养分、障碍因素等重要因子，从而保障评价的科学性。

综合性原则：指标体系要反映出各影响因素主要属性及相互关系。评价因素的选择和评价标准的确定要考虑当地的自然地理特点和社会经济因素及其发展水平，既要反映当前局部和单项的特征，又要反映长远、全局和综合的特征。本次评价选取了立地条件、土壤管理、养分状况、耕层理化性状、剖面性状、健康状况等方面的相关因素，形成了综合性的评价指标体系。

主导性原则：耕地系统是一个非常复杂的系统，要把握其基本特征，选出有代表性的起主导作用的指标。指标的概念应明确，简单易行。各指标之间含义各异，没有重复。选取的因子应对耕地质量有比较大的影响，如地形部位、土壤养分、质地构型和排灌条件等。

可比性原则：由于耕地系统中的各个因素具有较强的时空差异，评价指标应尽量选择性质上较稳定，不易发生变化的因素，在时间序列上具有相对的稳定性。

可操作性原则：各评价指标数据应具有可获得性，易于调查、分析、查找或统计，有利于高效准确完成整个评价工作。

二、评价指标体系的构建

根据指标选取的原则，针对海口耕地质量评价的要求和特点，采用《耕地质量等级》（GB/T 33469—2016）国家标准中规定的 *N*+*X* 的方法确定评价指标，由基础性指标和区域性补充指标组成，共计 15 个评价指标。其中，基础性指标（*N*）包括地形部位、有效土层厚度、有机质含量、耕层质地、土壤容重、质地构型、养分指标（有效磷、速效钾）、生物多样性、清洁程度、障碍因素、灌溉能力、排水能力、农田林网化程度等指标；区域补充性指标（*X*）为酸碱度。运用层次分析法建立目标层、准则层和指标层的三级层次结构，目标层即耕地质量等级，准则层包括立地条件、剖面性状、耕层理化性状、养分状况、健康状况和土壤管理六部分，详见图 2-1。

立地条件：包括地形部位和农田林网化层度。海口市地形垂直性分布较强，地形部位的差异对耕地质量有重要的影响，不同地形部位的耕地坡度、坡向、光温水热条件、灌排能力差异明显，直接或间接地影响农作物的适种性和生长发育。农田林网能够很好地防御很多自然灾害，防止灾害性气候危害农业生产，保证农业的稳产、高产，同时还可以提高和改善农田生态系统

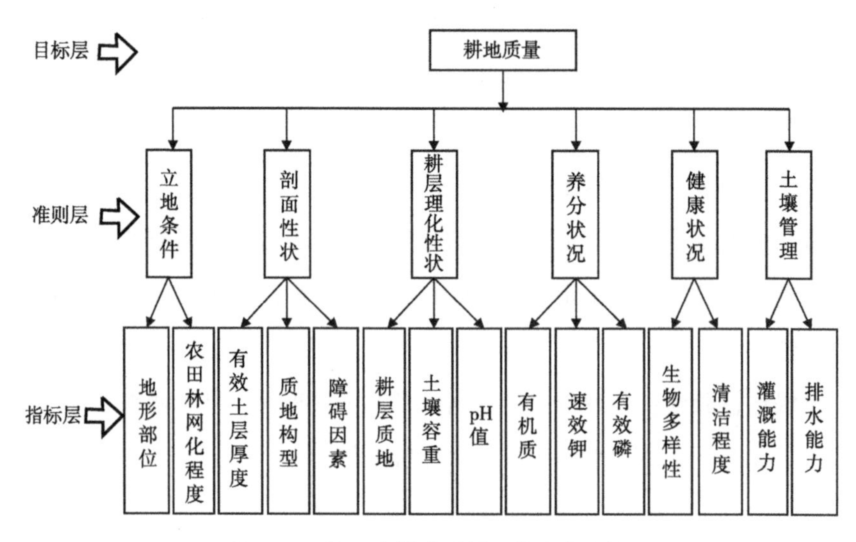

图 2-1　海口市耕地质量评价层次结构

的环境。

剖面性状：包括有效土层厚度、质地构型和障碍因素。有效土层厚度影响耕地土壤水分、养分库容量和作物根系生长；土壤剖面质地构型是土壤质量和土壤生产力的重要影响因子，不仅反映土壤形成内部条件与外部环境，还体现耕作土壤肥力状况和生产性能；障碍因素影响耕地土壤水分状况以及作物根系生长发育，对土壤保水性和通气性、作物水分和养分吸收、生长发育以及生物量等均具有显著影响。

耕层理化性状：包括耕层质地、土壤容重和 pH 值。耕层质地是土壤物理性质的综合指标，决定着土壤的理化性质，且与作物生长发育所需要的水、气、热及养分的关系十分密切，显著影响作物根系的生长发育、土壤水分和养分的保持，以及水、肥、气、热的协调和供给；容重是土壤最重要的物理性质之一，能反映土壤质量和土壤生产力水平；pH 值是土壤的重要化学性质之一，作物正常生长发育、土壤微生物活动、矿质养分存在形态及其有效性、土壤保持养分的能力等都与土壤的 pH 值密切相关。

养分状况：包括有机质、有效磷和速效钾。有机质是微生物能量和植物矿质养分的重要来源，不仅可以提高土壤保水性、保肥性和缓冲性，改善土壤结构性，而且可以促进土壤养分有效化，对土壤水、肥、气、热的协调及其供应起支配作用；土壤磷、钾是作物生长所需的大量元素，对作物生长发育以及产量等均有显著影响。

健康状况：包括清洁程度和生物多样性。清洁程度反映了土壤受重金属、农药和农膜残留等有毒有害物质影响的程度；生物多样性反映了土壤生命力丰富程度。

土壤管理：包括灌溉能力和排水能力。灌溉能力直接关系耕地对作物生长所需水分的满足程度，进而显著制约着农作物生长发育和生物量；排水能力通过制约土壤水分状况而影响土壤水、肥、气和热的协调、作物根系生长和养分吸收利用等。

三、耕地质量主要性状分级标准的确定

20 世纪 80 年代，全国第二次土壤普查工作开展时，对耕地土壤主要性状指标进行了分级，经过 30 多年的发展，耕地土壤理化性状发生了巨大变化，有的分级标准与目前的土壤现状已不相符合。所以本次评价在全国第二次土壤普查耕地土壤主要性状指标分级的基础上进行了修改或重新制定。

（一）全国第二次土壤普查耕地土壤主要性状分级标准

全国第二次土壤普查时期，耕地土壤 pH 值、有机质、全氮、碱解氮、有效磷、速效钾、全磷、全钾、碳酸钙、有效硼、有效钼、有效锰、有效锌、有效铜、有效铁理化性状分级标准见表 2-4 和表 2-5。

表 2-4　全国第二次土壤普查时期土壤 pH 值分级标准

分级标准	pH 值	分级标准	pH 值
碱　性	pH 值≥8.5	微酸性	5.5≤pH 值<6.5
微碱性	7.5≤pH 值<8.5	酸　性	4.5≤pH 值<5.5
中　性	6.5≤pH 值<7.5	弱酸性	pH 值<4.5

表 2-5　全国第二次土壤普查时期耕地土壤主要理化性状分级标准

指　标	分级标准					
	一级	二级	三级	四级	五级	六级
有机质（克/千克）	≥40	30~40	20~30	10~20	6~10	<6
全氮（克/千克）	≥2	1.5~2	1.5~1.0	1~0.75	0.5~0.75	<0.5
碱解氮（毫克/千克）	≥150	120~150	90~120	60~90	30~60	<30
有效磷（毫克/千克）	≥40	20~40	10~20	5~10	3~5	<3
速效钾（毫克/千克）	≥200	150~200	100~150	50~100	30~50	<30
有效硼（毫克/千克）	≥2.0	1.0~2.0	0.5~1.0	0.2~0.5	<0.2	
有效钼（毫克/千克）	≥0.3	0.2~0.3	0.15~0.2	0.1~0.15	<0.1	
有效锰（毫克/千克）	≥30	15~30	5~15	1~5	<1	
有效锌（毫克/千克）	≥3.0	1.0~3.0	0.5~1.0	0.3~0.5	<0.3	
有效铜（毫克/千克）	≥1.8	1.0~1.8	0.2~1.0	0.1~0.2	<0.1	
有效铁（毫克/千克）	≥20	10~20	4.5~10	2.5~4.5	<2.5	

（二）本次海口市耕地土壤评价主要性状分级标准

依据全市甄别遴选的耕地质量评价的 1 002 个调查采样点数据，对相关性状指标进行了数理统计；经分析，当前耕地土壤相关性状指标的平均值、区间分布频率等较第二次土壤普查时期均发生了较大变化，原有的分级标准与目前的土壤现状已不相符合，在全国第二次土壤普查土壤理化性质分级标准的基础上，进行了修改或重新制定（表 2-6 和表 2-7）。制定过程与第二次土壤普查分级标准衔接，在保留全国分级标准级别值基础上，在一个级别中进行细分或归并，细分或归并的级别值以及向上或向下延伸的级别值有依据，需综合考虑作物需肥的关键值、养分丰缺指标等，以便于数据纵向、横向比较。

表 2-6　本次海口市耕地质量评价 pH 值分级标准

分级标准	pH 值	分级标准	pH 值
碱　性	pH 值≥8.5	微酸性	5.5≤pH 值<6.5
微碱性	7.5≤pH 值<8.5	酸　性	4.5≤pH 值<5.5
中　性	6.5≤pH 值<7.5	强酸性	pH 值<4.5

表 2-7　本次海口市耕地质量评价土壤主要理化性状分级标准

指　标	分级标准					
	一级	二级	三级	四级	五级	六级
有机质（克/千克）	≥30	20~30	15~20	10~15	6~10	<6
全氮（克/千克）	≥1.5	1.25~1.5	1~1.25	0.75~1	0.5~0.75	<0.5
有效磷（毫克/千克）	≥40	30~40	20~30	10~20	5~10	<5
速效钾（毫克/千克）	≥200	150~200	100~150	50~100	30~50	<30
缓效钾（毫克/千克）	≥500	300~500	150~300	80~150	50~80	<50
有效铜（毫克/千克）	≥1.8	1.8~1.5	1.5~1	1~0.5	0.5~0.2	<0.2
有效锌（毫克/千克）	≥3	1.5~3	1~1.5	0.5~1	0.3~0.5	<0.3
有效铁（毫克/千克）	≥20	15~20	10~15	4.5~10	2.5~4.5	<2.5
有效锰（毫克/千克）	≥30	20~30	15~20	10~15	5~10	<5
有效硼（毫克/千克）	≥2	1.5~2	1~1.5	0.5~1	0.2~0.5	<0.2
有效钼（毫克/千克）	≥0.3	0.25~0.3	0.2~0.25	0.15~0.2	0.1~0.15	<0.1
有效硅（毫克/千克）	≥200	100~200	50~100	25~50	12~25	<12
有效硫（毫克/千克）	≥50	40~50	30~40	15~30	10~15	<10

第三节　数据库的构建

一、建库的内容与方法

（一）数据库建库的内容

数据库的建立主要包括空间数据库和属性数据库。

空间数据库包括道路、水系、采样点点位图、评价单元图、土壤图、行政区划图等。道路、水系通过土地利用现状图提取；土壤图通过扫描纸质土壤图件拼接校准后矢量化；评价单元图通过土地利用现状图、行政区划图、土壤图叠加形成；采样点点位图通过野外调查采样数据表中的经纬度坐标生成。

属性数据库包括土地利用现状属性数据表、土壤样品分析化验结果数据表、土壤属性数据表、行政编码表、交通道路属性数据表等。通过分类整理后，以编码的形式进行管理。

（二）数据库建库的方法

耕地质量评价系统采用不同的数据模型分别对属性数据和空间数据进行存储管理，属性数据采用关系数据模型，空间数据采用网状数据模型。空间数据图层标识码是要素属性表中的一个关键字段，空间数据与属性数据以此字段形成关联，完成对地图的模拟。在进行空间数据和属性数据连接时，在ArcMap环境下分别调入图层数据和属性数据表，利用关键字段将属性数据表链接到空间图层的属性表中，将属性数据表中的数据内容赋予图层数据表中。技术流程详见图2-2。

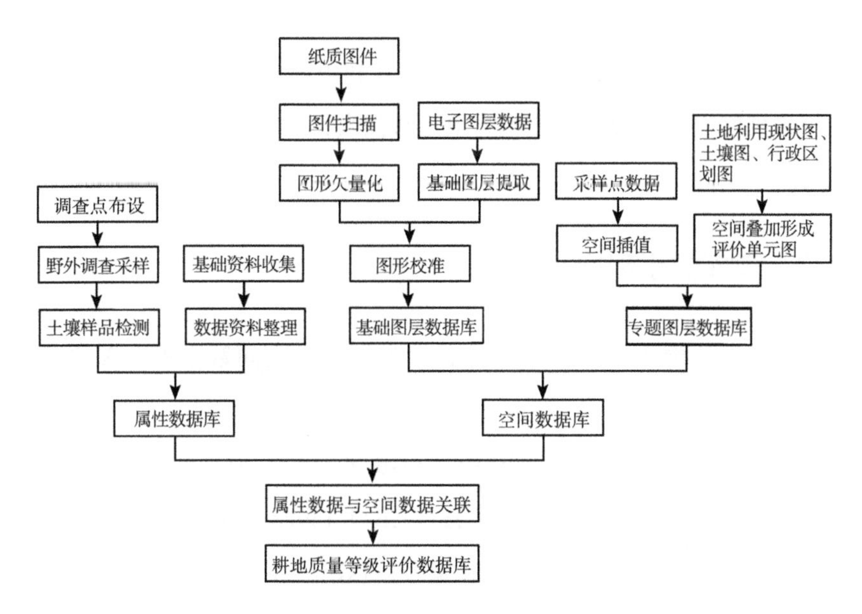

图 2-2　耕地质量等级评价数据库建立流程

二、建库的依据与平台

地理信息系统（GIS）作为信息处理技术的一种，是以计算机技术为依托，以具有空间内涵的地理数据为处理对象，运用系统工程和信息科学的理论，采集、存储、显示、处理、分析、输出地理信息的计算机系统。其中最具有代表性的 GIS 平台是 ESRI 公司研发的 ArcGIS，由于 ESRI 具有深厚的理论及工程技术底蕴和强大的技术开发力量，在不断创新的同时对用户反馈的大量信息进行分析、整理，并对产品体系结构及技术进行优化和重构，使得 ArcGIS 在 GIS 行业保持领先地位。本研究选择 ArcGIS 软件平台，主要原因如下。

实用性：能最大限度地满足本系统的要求，便于使用和二次开发。

稳定性：经过多年系统建设的考验，性能稳定可靠。

可靠性：国内外具有较强的力量支持，并且有一个较大的用户群体“土地利用数据库管理系统”进行最新土地利用现状调查。

可扩展性：软件公司的技术力量足够强大，软件的维护、更新、升级具有保障。

三、建库的引用标准

耕地质量评价系统数据库包括属性数据库和空间数据库，参照技术规范、标准和文件如下。

《中华人民共和国行政区划代码》（GB/T 2260—2007）

《基础地理信息要素分类与代码》（GB/T 13923—2006）

《国家基本比例尺地形图分幅和编号》（GB/T 13989—2012）

《土地利用现状分类》（GB/T 21010—2007）

《全球定位系统（GPS）测量规范》（GB/T 18314—2009）

《国土资源信息核心元数据标准》（TD/T 1016—2003）

《耕地质量等级》（GB/T 33469—2016）

《县（市）级土地利用数据库建设技术规范》

《县（市）级土地利用数据库建设标准》

四、空间数据库建立

地理信息系统（GIS）软件是建立空间数据库的基础。空间数据通过图件资料获取或其他成果数据提取。对于收集到的图形图件必须进行预处理，图件预处理是为简化数字化工作而按一定工作设计要求进行图层要素整理与筛选的过程，这里包括对图件的筛选、整理、命名、编码等。经过筛选、整理的图件，通过数字化仪、扫描仪等设备进行数字化，并建立相应的图层，再进行图件的编辑、坐标系转换、图幅拼接、地理统计、空间分析等处理。

（一）空间数据内容

耕地质量等级评价地理信息系统的空间数据库的内容由多个图层组成，包括交通道路、河流水库等基本地理信息图层；评价单元图层和各评价因子图层等，如河流水库图、土壤图、养分图等，具体内容及其资料来源如表2-8。

表 2-8　本次海口市耕地质量等级评价地理信息系统空间数据库的内容与资料来源

序　号	图层名称	图层属性	资料来源
1	水库、面状河流	多边形	土地利用现状图
2	线状河流、渠道	线层	地形图
3	等高线	线层	地形图
4	交通道路	线层	交通图
5	行政界线	线层	行政区划图
6	土地利用现状	多边形	土地利用现状图
7	土壤类型图	多边形	土壤普查资料
8	土壤养分图（pH 值、有机质、磷、钾）	多边形	采样点空间插值生成
9	土壤调查采样点位图	点层	野外 GPS 人工定位
10	市、县、镇所在地	点层	地形图或行政区划图
11	评价单元图	多边形	叠加生成
12	行政区图	多边形	行政区划图

（二）数据格式标准要求

投影方式：高斯—克吕格投影，6 度分带。

比例尺：1∶100 000。

坐标系：2000 国家大地坐标系，高程系统为 1985 国家高程基准。

文件格式：矢量图形文件——Shape，栅格图形文件——Grid，图像文件——JPG。

（三）基本图层的制作

基本图层包括水系图层、道路图层、行政界线图层、等高线图层、文字注记图层、土地利用图层、土壤类型图层、野外采样点图层等，数据来源可以通过收集图纸图件、电子版的矢量数据及通过 GPS 野外测量数据，根据不同形式的数据内容分别进行处理，最终形成坐标投影统一的 Shape File 格式图层文件。

（四）评价因子图层制作

评价因子养分图包括酸碱度、有机质、有效磷、速效钾。利用 ArcGIS 地统计分析模块，通过空间插值方法，将采样点检测数据分别生成 4 个养分图层，并将其转换为栅格格式。

（五）评价单元图制作

将土地利用现状图、土壤图和行政区划图三者叠加，形成的图斑作为耕地质量等级评价底图，底图的每一个图斑即为一个评价单元。叠加后每块图斑都有地类名称、土壤类型、权属坐落名称等唯一的属性。由土地利用现状图、土壤图、行政区划图叠加形成的评价单元图会产生众多破碎多边形、面积过小图斑。为了精简评价数据，更好地表达评价结果，需要对评价单元中的小图斑进行合并，最终形成海口市耕地质量评价单元图，图斑数量达 81 612 个。在此基础上根据评价单元图数据结构添加内部标识码、单元编号等属性字段。

五、属性数据库建立

属性数据库包括各种各样的属性数据，这些数据必须有机地进行归纳整理，并进行分类处理。数据通过分类整理后，必须以按编码的方式进行有机的系统化，以利于计算机的处理、查询等，而数据的分类编码是对数据资料进行有效管理的重要依据和措施。由此可建立数据字典，由数据字典来统一规范数据，为数据的查询提供接口。

（一）属性数据的内容

根据耕地质量等级评价的需要，确定建立属性数据库的内容，包括土地利用现状、土壤类型及编码、行政区划、河流水库、交通道路及野外调查土壤样品检测结果等属性数据。属性数据库的构建参照省级耕地资源管理信息系统数据字典和有关专业的属性代码标准。属性数据库的数据项包括字段代码、字段名称、字段短名、英文名称、数据类型、数据来源、量纲、数据长度、小数位、值域范围、备注等内容。

（二）数据分类与编码

数据的分类编码是对数据资料进行有效管理的重要依据。编码的主要目的是节省计算机内存空间，便于用户理解使用。地理属性进入数据库之前进行编码是必要的，只有进行了正确的编码空间数据库才能与属性数据库实现正确连接。编码格式由英文字母和数字组合，采用数字表示的层次型分类编码体系，它能反映专题要素分类体系的基本特征。

（三）建立数据编码字典

数据字典是数据库应用设计的重要内容，是描述数据库中各类数据及其组合的数据集合，也称元数据。地理数据库的数据字典主要用于描述属性数据，它本身是一个特殊用途的文件，在数据库整个生命周期里都起着重要的作用。它避免重复数据项的出现，并提供了查询数据的唯一入口。

（四）数据表结构设计

属性数据库的建立与录入可独立于空间数据库和 GIS 系统，根据表的内容设计各表字段数量、字段类型、长度等，可以在 Access、DBase、FoxPro

下建立，最终统一以 DBase 的 DBF 格式保存，后期通过外挂数据库的方法，在 ArcGIS 平台上与空间数据库进行链接。以采样点位图数据结构为例，详见表 2-9。

表 2-9　采样点点位图数据结构

字段名称	数据类型	字段长度	小数位
序　号	整型	6	
统一编号	文本	19	
采样日期	日期	10	
省（市）名	文本	10	
地市名	文本	10	
县（区、市、农场）名	文本	20	
乡镇名	文本	20	
村　名	文本	20	
经　度	单精度	9	5
纬　度	单精度	9	5
土　类	文本	20	
亚　类	文本	20	
土　属	文本	20	
土　种	文本	20	
成土母质	文本	20	
地貌类型	文本	20	
地形部位	文本	20	
有效土层厚度	整型	4	
耕层厚度	整型	4	
耕层质地	文本	10	
质地构型	文本	20	
耕层土壤容重	单精度	4	2
常年耕作制度	文本	20	

（续表）

字段名称	数据类型	字段长度	小数位
熟　制	文本	20	
生物多样性	文本	10	
农田林网化程度	文本	10	
酸碱度	单精度	5	2
障碍因素	文本	20	
障碍层类型	文本	20	
障碍层深度	整型	4	
障碍层厚度	整型	4	
灌溉能力	文本	20	
灌溉方式	文本	20	
水源类型	文本	20	
排水能力	文本	20	
有机质	单精度	4	1
全　氮	单精度	4	3
有效磷	单精度	4	1
速效钾	单精度	4	
缓效钾	单精度	4	
有效铁	单精度	4	2
有效锰	单精度	4	2
有效铜	单精度	4	2
有效锌	单精度	4	2
有效硫	单精度	4	2
有效硅	单精度	4	2
有效硼	单精度	4	2
有效钼	单精度	4	2
铬	单精度	4	2
镉	单精度	4	2
铅	单精度	4	2

（续表）

字段名称	数据类型	字段长度	小数位
砷	单精度	4	2
汞	单精度	4	2
主栽作物名称	文本	20	
年产量	整型	6	

（五）数据录入与审核

数据录入前应仔细审核，数值型资料应注意量纲、上下限，地名应注意汉字多音字、繁简体、简全称等问题，审核定稿后再录入。录入后还应仔细检查，有条件的可采取二次录入相互对照的方法，保证数据录入无误后，将数据库转为规定的格式，再根据数据字典中的文件名编码命名后保存在规定的子目录下。

第四节　耕地质量评价理论与方法

目前，耕地质量评价大致可分为农业生产潜力评价、土壤肥力评价、耕地适应性评价、农用地分等定级与估价、基于农户认识的耕地质量评价 5 种类型。本次评价依据《耕地质量调查监测与评价办法》和《耕地质量等级》（GB/T 33469—2016），开展海口市耕地质量评价。

一、耕地质量评价原理

目前，耕地质量评价的方法主要包括经验判断指数法、层次分析法、模糊综合评价法、回归分析法、灰色关联度分析法等。本次海口市耕地质量等级评价是依据《耕地质量等级》（GB/T 33469—2016），在对耕地的立地条件、养分状况、耕层理化性状、剖面性状、健康状况进行分析的基础上，充分利用地理信息系统（GIS）技术，通过空间分析、层次分析、综合指数等方法，对耕地地力、土壤健康状况和田间基础设施构成的满足农产品持续产出和质量安全的能力进行综合评价。

二、耕地质量评价原则

海口市地处热带，农业资源丰富，冬季瓜菜产业在全国居重要的地位。随着我国经济社会的发展，对耕地资源的过度开发使用，导致本区域内耕地数量不断减少，质量也有不同程度的退化。通过开展耕地质量等级评价，摸清全市耕地地力、土壤健康状况和田间基础设施条件，对合理利用耕地资源、指导种植业结构调整、开展科学施肥、降低农业生产成本，实现农业可持续发展具有非常重要的意义。在评价过程中遵循以下原则。

（一）综合研究与主导因素分析相结合原则

综合研究是对耕地地力、土壤健康状况和田间基础设施等因素进行全面的研究、解析，从而更好地评价耕地质量等级。主导因素指影响耕地质量相对重要的因素，如地形部位、灌溉能力、排水能力、有机质含量等，在建立评价指标体系过程中应赋予这些因素更大的权重。因此，只有运用合理的方法将综合因素和主导因素结合起来，才能更科学的评价耕地质量等级。

（二）定性评价与定量评价相结合原则

耕地质量等级评价中，尽可能地选择定量评价的方法，定量评价采样数学的方法，对收集的资料进行系统的分析和研究，对评价对象作出定量、标准、精确的判读。但由于部分评价指标不能被定量地表达出来，如地形部位、耕层质地等，需要借助特尔菲法或人工智能来定性评价，所以，耕地质量等级评价构建的是一种定性与定量相结合的评价方法。

（三）共性评价与专题研究相结合原则

耕地质量评价与等级评价，既对海口市现有耕地的地力水平、土壤健康状况和田间基础设施构成的质量状况进行科学系统的评价，又充分考虑海口地形地貌、气候特点及农业资源优势，对有特色的农产品种植区开展专题质量评价。

三、耕地质量评价流程

本次评价以海口市耕地为对象，依据《耕地质量等级》（GB/T 33469—2016），运用 GIS 技术建立耕地质量等级信息系统，对收集的资料进行系统的分析和研究，综合运用空间分析、层次分析、模糊数学和综合指数等方法，对耕地质量等级进行综合评价，评价具体步骤如下。

第一步，依据《耕地质量等级》（GB/T 33469—2016），核实确定评价的范围，在土地利用现状图上提取耕地作为评价对象，并通过收集的数据资料，建立耕地质量等级评价基础数据库。

第二步，通过土壤图、行政区划图和土地利用现状图叠加形成评价单元图。

第三步，依据《耕地质量等级》（GB/T 33469—2016），选取耕地质量评价指标，通过层次分析法确定各评价指标权重，特尔菲法确定各指标隶属度，建立耕地质量评价指标体系。

第四步，计算耕地质量综合指数，划分耕地质量等级。通过对耕地质量等级结果的分析、验证，结合点位调查数据、评价指标属性以及专家建议，分析制约农业生产的障碍因素，并提出培肥改良的措施与建议（图 2-3）。

四、评价单元的制作

将土地利用现状图、土壤图和行政区划图三者叠加，形成的图斑作为耕

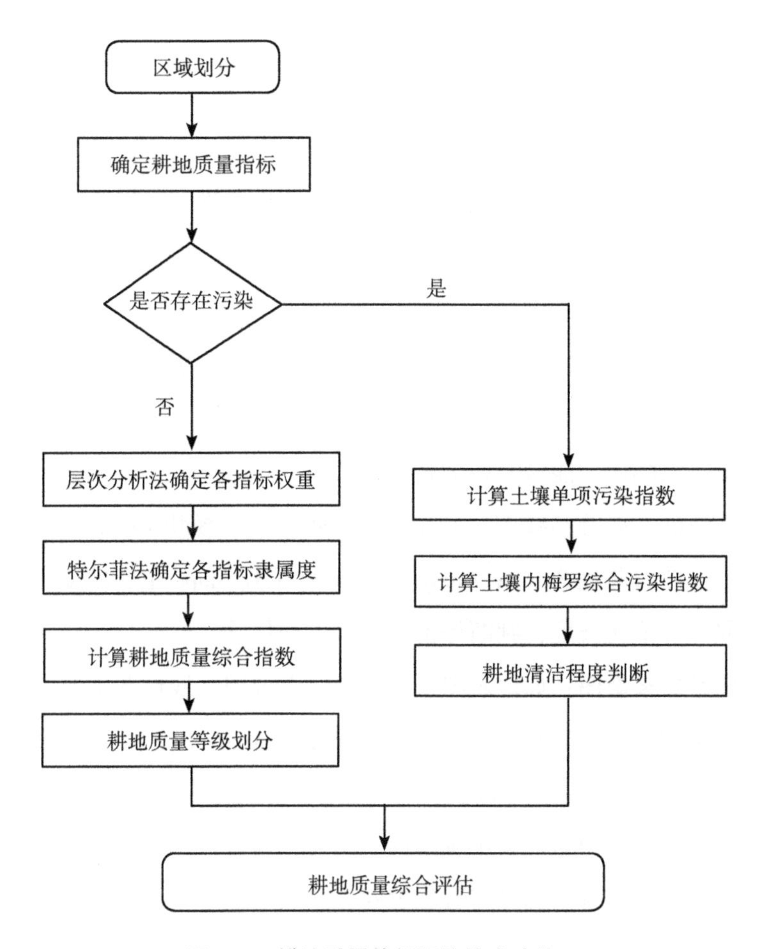

图 2–3　耕地质量等级评价技术路线

地质量等级评价底图，底图的每一个图斑即为一个评价单元。叠加后每块图斑都有地类名称、土壤类型、权属坐落名称等唯一的属性。

由叠置法形成的评价底图会产生众多破碎的多边形。按照相关技术规范的要求，为了精简评价数据，更好地表达评价结果，需要对评价底图中的小图斑进行合并，最终确定本次耕地质量评价单元为81 286个。在此基础上根据评价单元图数据结构添加标识码、单元编号等字段。

五、评价单元赋值

（一）赋值方法

海口市耕地质量评价单元图包含丰富的属性数据，包括现状地类、土壤类型、权属坐落、评价指标及养分分级等，主要来源于点位数据、线性数据、栅格数据及数据表。

点位数据：如采样点图，利用地统计学模型，分析数据的分布规律，选择不同的空间插值方法生成各指标空间分布栅格图，再与评价单元叠加分析，运用区域统计功能获取相关属性。

线性数据：如等高线图，利用3D Analyst分析模块Create Tin生成数字高程模型，然后通过Surface Analys表面分析工具Slope生成坡度栅格图，进一步获取评价单元坡度，判断评价单元地形部位等。

栅格数据矢量图：如地貌图、养分图；点位图、线性图生成的栅格图与单元图层存在空间对应关系，通过Spatial Analyst空间分析模块Zonal Statistics工具对单元图进行赋值。统计各评价单元地貌名称。

数据表：如土壤名称与土壤属性对照表，通过评价单元图层中的土壤名称与对照表中的土壤名称进行数据关联，获取对照表中的土壤属性。

（二）单元赋值

基础属性：标识码用连续唯一的阿拉伯数字赋值；单元编号用六位县代码+三位镇代码+三位顺序编号赋值，保证单元编号的唯一性；省（市）名、地市名、县（区、市、农场）名、乡镇名、乡镇代码与行政区划图中的数据保持一致；地类代码、地类名称与土地利用现状图中的数据保持一致；计算面积通过ArcMap软件直接计算，平差面积依据国土部门提供的最新的土地利用现状数据进行平差；土壤类型数据应符合《中国土壤分类与代码》（GB 17296—2009）的要求。

立地条件：地形部位通过地貌图结合等高线地形图以及耕地的集中连片程度来判断，赋值过程中参考调查点属性中的地貌类型和地形部位；农田林网化程度依据农田的基础设施水平结合地形部位判读。

剖面性状：有效土层厚度、质地构型、障碍因素依据实地调查，查阅土壤普查资料，综合考虑评价单元的地类、土壤类型进行赋值。

耕层理化性状：耕层质地依据实地采样调查手测法判断，同时参考省级耕地地力评价单元“质地”属性；土壤容重通过分析检测、查阅土壤普查资料获取。

健康状况、养分状况：pH 值、有机质、有效磷、速效钾根据野外调查土壤样品检测结果，利用 GIS 的地统计分析工具，通过空间插值的方法生成对应的养分图，与评价单元图叠加分析获取；生物多样性依据土地利用类型、有机质含量水平等赋值，根据野外调查的数据，空间叠加分析提取；清洁程度依据收集的污染数据资料、土壤样品重金属检测结果进行赋值。

土壤管理：灌溉能力、排水能力依据调查点数据中的灌溉能力、排水能力、水源类型、灌溉方式及农田水利排灌资料进行赋值。

六、评价指标权重确定

耕地质量评价中评价指标权重的确定对于整个评价过程起着重要作用，而权重系数的大小反映了不同的指标与耕地质量间的作用关系，准确计算各指标的权重系数关系到评价结果的可靠性与客观性。

确定评价指标权重的方法有专家打分法（特尔菲法）、层次分析法、多元回归法、模糊数学法、灰度理论法等。本次评价采用《耕地质量等级》（GB/T 33469—2016）中推荐的层次分析法结合特尔菲法来确定各评价指标的权重。层次分析法就是把复杂的问题按照它们之间的隶属关系排定一定的层次，再对每一层次进行相对重要性比较，最后得出它们之间的一种关系，从而确定它们各自的权重。特尔菲法作为常用的预测方法，它能对大量非技术性的、无法定量分析的因素作出概率估算。

1. 建立层次结构

对所分析的问题进行层层解剖，根据他们之间的所属关系，建立一种多层次的架构，利于问题的分析和研究。海口市耕地质量评价共选取了 15 个指标，依据指标的属性类型，建立了包括目标层、准则层、指标层的层次结构。目标层（A 层）即耕地质量，准则层（B 层）包括土壤管理、立地条件、养分状况、耕层理化性状、剖面性状、健康状况，指标层（C 层）即 15 个评价指标，详见表 2-10。

表 2-10　耕地质量等级评价层次结构

目标层	准则层	指标层
A1　耕地质量	B1　土壤管理	C1　灌溉能力
		C2　排水能力
	B2　立地条件	C3　地形部位
		C4　农田林网化程度
	B3　养分状况	C5　有机质
		C6　速效钾
		C7　有效磷
	B4　耕层理化性状	C8　耕层质地
		C9　土壤容重
		C10　pH 值
	B5　剖面性状	C11　有效土层厚度
		C12　质地构型
		C13　障碍因素
	B6　健康状况	C14　生物多样性
		C15　清洁程度

2. 构造判断矩阵

用三层结构来分析，采用特尔菲法，由土壤肥料、生态环境、地理信息、植物营养、作物栽培、农业经济等相关领域的多位位专家组成员分别就土壤管理（B1）、立地条件（B2）、养分状况（B3）、耕层理化性状（B4）、剖面性状（B5）和健康状况（B6）构成要素对耕地质量（A）的重要性做出判断，然后将各专家的经验赋值取平均值，从而获得准则层（B）对于目标层（A）的判断矩阵。在进行构成要素对耕地质量的重要性两两比较时，遵循以下原则：最重要的要素给 10 分，相对次要的要素分数相对减少，最不重要的要素给 1 分。

3. 计算权重值

通过目标层与准则层、准则层与指标层的判断矩阵，计算得到各准则层、指标层的权重，并对层次单排序、总排序进行一致性检验。本次耕地质量等级评价指标权重详见表 2-11。

表 2-11　海口市耕地质量各评价因子的权重值及总排序

评价指标	组合权重	排　序	评价指标	组合权重	排　序
灌溉能力	0.110 9	1	土壤容重	0.055 3	9
排水能力	0.101 1	2	有效磷	0.053 2	10
有机质	0.091 0	3	有效土层厚度	0.052 9	11
地形部位	0.089 8	4	农田林网化程度	0.049 7	12
质地构型	0.071 3	5	障碍因素	0.043 7	13
耕层质地	0.070 1	6	生物多样性	0.040 9	14
pH 值	0.068 9	7	清洁程度	0.033 3	15
速效钾	0.067 9	8			

（1）根据判断矩阵计算矩阵的最大特征根与特征向量

当 P 的阶数大时，可按如下“和法”近似地求出特征向量：

$$w_i = \frac{\sum_j P_{ij}}{\sum_{i,\ j} P_{ij}}$$

式中，P_{ij} 为矩阵 P 的第 i 行第 j 列的元素。

即先对矩阵进行正规化，再将正规化后的矩阵按行相加，再将向量正规化，即可求得特征向量 W_i 的值。而最大特征根可用下式求算：

$$\lambda_{max}=\frac{1}{n}\sum_{i=1}^{n}\frac{(PW)_i}{(W)_I}$$

式中，$(W)_i$ 表示 W 的第 i 个向量。

（2）一致性检验

根据下式进行一致性检验：

$$CI=\frac{\lambda_{max}-n}{n-1}$$

$$CR=CI/RI$$

式中，CI 为一致性指标；CR 为判断矩阵的随机一致性；RI 为平均随机一致性指标。

若 $CR<0.1$，则说明该判断矩阵具有满意的一致性，否则应做进一步的调整。

（3）层次总排序一致性检验

根据以上求得各层次间的特征向量值（权重），求算总的 CI 值，再对 CR 做出判断。

七、评价指标隶属函数的确定

（一）隶属函数建立的方法

模糊数学提出模糊子集、隶属函数和隶属度的概念。任何一个模糊性的概念就是一个模糊子集。在一个模糊子集中取值范围为 0~1，隶属度是在模糊子集概念中的隶属程度，即作用大小的反映，一般用隶属度值来表示。隶属函数是解释模糊子集即元素与隶属度之间的函数关系，隶属度可用隶属函数来表达，采取特尔菲法和隶属函数法确定各评价指标的隶属函数，主要有以下几种隶属函数。

1. 戒上型函数模型

适合这种函数模型的评价因子，其数值越大，相应的耕地质量水平越高，但到了某一临界值后，其对耕地质量的正贡献效果也趋于恒定。

$$y_i=\begin{cases}0 & u_i\leqslant u_t\\ 1/[1+a_i(u_i-c_i)^2] & u_t<u_i<c_i\\ 1 & c_i\leqslant u_i\end{cases}$$

式中，y_i 为第 i 个因子的隶属度；u_i 为样品实测值；c_i 为标准指标；a_i 为系数；u_t 为指标下限值。

2. 戒下型函数模型

适合这种函数模型的评价因子，其数值越大，相应的耕地质量水平越低，但到了某一临界值后，其对耕地质量的负贡献效果也趋于恒定。

$$y_i=\begin{cases}0 & u_t\leqslant u_i\\ 1/[1+a_i(u_i-c_i)^2] & c_i<u_i<c_t\\ 1 & u_i\leqslant c_i\end{cases}$$

式中，u_t 为指标上限值。

3. 峰型函数模型

适合这种函数模型的评价因子，其数值离一特定的范围距离越近，相应的耕地质量水平越高。

$$y_i=\begin{cases}0 & u_i>u_{t1}\text{或 }u<u_{t2}\\ 1/[1+a_i(u_i-c_i)^2] & u_{t1}<u_i<u_{t2}\\ 1 & u_i=c_i\end{cases}$$

式中，u_{t1}、u_{t2}分别为指标上限值和下限值。

4. 直线型函数模型

适合这种函数模型的评价因子，其数值的大小与耕地质量水平呈直线关系。

$$y_i = a_i u_i + b$$

式中，a_i 为系数；b 为截距。

5. 概念型指标

这类指标其性状是定性的、非数值性的，与耕地质量之间是一种非线性的关系。这类评价指标不需要建立隶属函数模型，用特尔菲法直接给出隶属度。

（二）概念型指标隶属度的确定

本次评价中地形部位、灌溉能力、排水能力、质地构型、耕层质地、障碍因素、农田林网化程度、生物多样性、清洁程度9个定性指标为概念型指标，采用特尔菲法直接给出隶属度。评价指标及其类型的隶属度如表2-12至表2-19所示。

表2-12 地形部位隶属度

类型	平原低阶	平原中阶	平原高阶	宽谷盆地	山间盆地	丘陵下部	丘陵中部	丘陵上部	山地坡下	山地坡中	山地坡上
隶属度	1.0	0.9	0.8	0.9	0.7	0.6	0.5	0.4	0.5	0.3	0.2

表2-13 灌溉能力和排水能力隶属度

类型	充分满足	满足	基本满足	不满足
隶属度	1.0	0.8	0.6	0.3

表2-14 质地构型隶属度

类型	上松下紧型	海绵型	夹层型	紧实型	上紧下松型	薄层型	松散型
隶属度	1.0	0.8	0.7	0.5	0.4	0.3	0.2

表 2-15　耕层质地隶属度

类　型	中　壤	轻　壤	重　壤	砂　壤	黏　土	砂　土
隶属度	1.0	0.9	0.8	0.7	0.6	0.4

表 2-16　障碍因素隶属度

类　型	盐渍化	瘠　薄	偏　酸	渍　潜	障碍层次	无
隶属度	0.5	0.5	0.5	0.4	0.6	1.0

表 2-17　农田林网化程度隶属度

类　型	高	中	低
隶属度	1.00	0.85	0.75

表 2-18　生物多样性隶属度

类　型	丰　富	一　般	不丰富
隶属度	1.00	0.85	0.75

表 2-19　清洁程度隶属度

类　型	清　洁
隶属度	1.0

（三）函数型指标隶属度的确定

函数型指标需要建立隶属函数模型确定其隶属度。pH 值、土壤容重两个指标构建峰型隶属函数；有效土层厚度、有机质、有效磷、速效钾 4 个指标构建戒上型隶属函数。建立隶属函数模型前，需要对指标值域范围内某些特定值进行专家经验赋值，函数型指标及其类型的隶属度详见表 2-20 至表 2-25。

表 2-20　pH 值隶属度

pH 值	3.0	3.5	4.0	4.5	5.0	5.5	6.0	6.5	6.8	7.0	7.5	8.0	8.5	9.0
分　值	0.10	0.20	0.40	0.50	0.60	0.75	0.85	0.95	1.00	0.95	0.85	0.80	0.60	0.30

表 2-21　土壤容重隶属度

类型（克/立方厘米）	1.0	1.1	1.2	1.3	1.4	1.5	1.6	1.8	2.0
隶属度	0.70	0.85	0.90	1.00	0.90	0.85	0.80	0.70	0.50

表 2-22　有效土层厚度隶属度

类型（厘米）	10	20	30	40	50	60	70	80	90	100	110	120
隶属度	0.10	0.20	0.40	0.55	0.70	0.80	0.85	0.90	0.95	1.00	1.00	1.00

表 2-23　有机质隶属度

类型（克/千克）	6	10	15	20	25	30	35	40	45
隶属度	0.10	0.30	0.50	0.70	0.80	0.90	0.95	1.00	1.00

表 2-24　有效磷隶属度

类型（毫克/千克）	5	10	15	20	25	30	35	40	60	100
隶属度	0.1	0.3	0.5	0.6	0.7	0.8	0.9	1.0	1.0	1.0

表 2-25　速效钾隶属度

类型（毫克/千克）	30	40	50	60	80	120	150	180	200	220
隶属度	0.1	0.3	0.4	0.5	0.6	0.7	0.8	0.9	1.0	1.0

（四）隶属函数拟合

函数型指标在确定其评价指标值域范围内某些特定值的隶属度后，需要进行隶属函数拟合。运用农业农村部种植业管理司、耕地质量监测保护中心开发的省级耕地资源管理信息系统中的拟合函数工具进行拟合。以 pH 值为例，在系统中选择工具中的函数拟合，在数据预览中输入 pH 值及其对应的隶属度值，函数类型选择峰型，选择默认的初始值，再点击运行中的数据分析，得到拟合结果及拟合图形（图 2-4），求出隶属函数系数、标准指标值，并通过特尔菲法确定 pH 值的上下限值，得到最终的拟合函数。同理，拟合得到土壤容重、有机质、有效磷、速效钾、有效土层厚度的隶属函数（表 2-26）。

表 2-26　耕地质量等级评价函数型指标及其隶属函数

评价指标	隶属函数	函数类型	标准指标值	指标上下限值
pH 值	$Y=1/[1+0.256\,941(U-c)^2]$	峰型	$c=6.7$	$U_{t1}=4$，$U_{t2}=9.5$
土壤容重（克/立方厘米）	$Y=1/[1+2.786\,523(U-c)^2]$	峰型	$c=1.35$	$U_{t1}=0.9$，$U_{t2}=2.1$
有机质（克/千克）	$Y=1/[1+0.002\,163(U-c)^2]$	戒上型	$c=38$	$U_t=6$
速效钾（毫克/千克）	$Y=1/[1+0.000\,068\,57(U-c)^2]$	戒上型	$c=205$	$U_t=30$
有效土层厚度（厘米）	$Y=1/[1+0.000\,230(U-c)^2]$	戒上型	$c=100$	$U_t=20$
有效磷（毫克/千克）	$Y=1/[1+0.003\,8(U-c)^2]$	戒上型	$c=40$	$U_t=5$

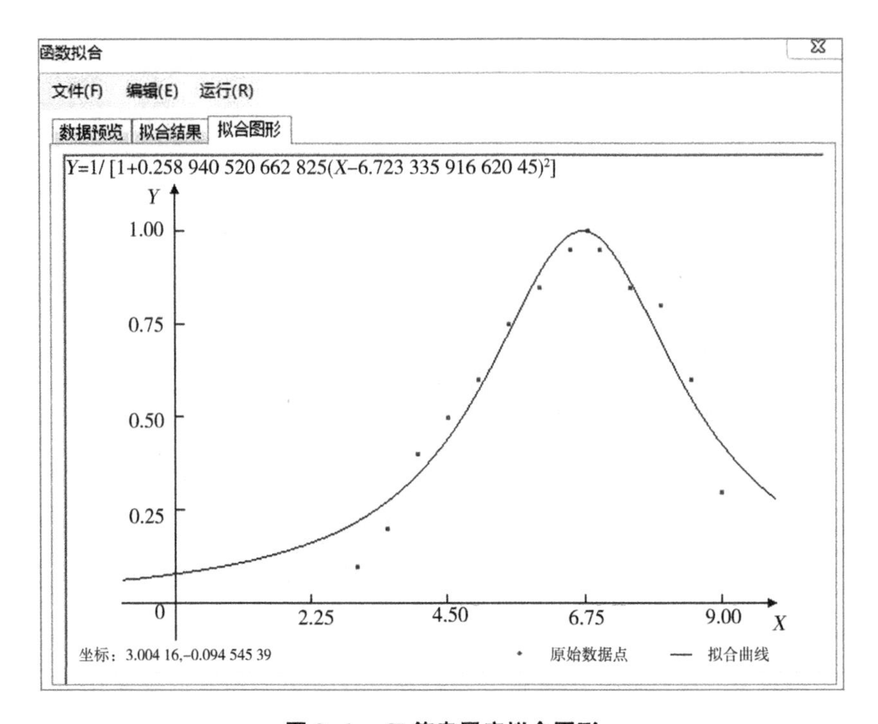

图 2-4　pH 值隶属度拟合图形

八、耕地质量等级的划分

（一）计算耕地质量综合指数

根据《耕地质量等级》（GB/T 33469—2016），采用累加法计算耕地质量综合指数。

$$P=\sum (F_i \times C_i)$$

式中，P 为 耕地质量综合指数（Integrated Fertility Index）；F_i 为第 i 个评价指标的隶属度；C_i 为第 i 个评价指标的组合权重。

（二）划分耕地质量等级

《耕地质量等级》（GB/T 33469—2016）将耕地质量划分为 10 个等级，

一级地耕地质量最高，十级地耕地质量最低。海口市在耕地质量等级划分时，制作了评价单元综合指数频率分布图和综合指数分布曲线图，分析了综合指数频率骤降点及曲线斜率突变点，将耕地质量最高等范围确定为综合指数≥0.885 0，最低等综合指数<0.700 2，中间二级至九级地通过等距划分，综合指数间距为0.023 1，最终确定耕地质量等级划分方案（表2-27）。

表2-27　耕地质量等级划分方案

耕地质量等级	综合指数	耕地质量等级	综合指数
一级地	≥0.885 0	六级地	0.769 5~0.792 6
二级地	0.861 9~0.885 0	七级地	0.746 4~0.769 5
三级地	0.838 8~0.861 9	八级地	0.723 3~0.746 4
四级地	0.815 7~0.838 8	九级地	0.700 2~0.723 3
五级地	0.792 6~0.815 7	十级地	<0.700 2

九、专题图的编绘

ArcGIS是常用的地理信息系统软件，为耕地质量等级评价相关图件编制提供了有力的技术支撑。编制海口市耕地质量等级分布图，主要包括以下几个步骤。

第一步，收集整理相关资料，包括行政界线、河流水系、等高线等地理基础要素，以及评价单元图、土壤图等专题要素数据。

第二步，对所有空间数据按照标准的数据格式要求进行坐标投影转换，并完善相关图层属性数据。

第三步，按照规范对图层数据进行符号样式、注记方式、图幅要素进行设置，点、线、面数据由上往下依次叠加，符号样式大小依据比例尺大小对应修改，注记标注之间相互覆盖、重叠的情况需要合理调整。

第四步，根据要求设置图件的大小，添加图名、图廓、图例、比例尺、指北针、地理位置示意图等图幅辅助要素，输出成果图件。

第五节　耕地土壤养分等专题图件编制方法

一、图件编制步骤

为了更好地表达评价成果，直观地分析耕地土壤养分含量的分布情况，需要编制土壤养分专题图件。

耕地土壤养分数据主要来源于野外调查采样点，依据土壤调查采样点中的经纬度坐标信息，生成采样点点位图，设置坐标投影，与评价单元图空间位置上保持一致。核实点位数据的准确性，对偏离范围或坐落位置的漂移点位进行纠正，再通过空间插值的方法生成养分数据栅格图。依据栅格图与评价单元图的空间位置关系，计算各评价单元的土壤养分值，按照确定的养分分级标准划分等级并用 ArcGIS 编图工具绘制土壤养分含量分布图。

二、图件空间插值

利用地统计学模型，通过空间插值的方法生成各养分空间分布栅格图。空间插值前先利用 ArcGIS 中 Geostatistical Analyst 模块中的 Normal QQ Plot 工具对数据进行正态分布分析，剔除异常值后选择合适的空间插值方法，空间插值利用反距离权重法（Inverse Distance Weighting）、克里金法（Kriging）两种方法分别插值，其中 Kriging 插值时分别选取 Spherical、Exponential、Gaussian 三种不同模型进行插值，选择最优的模型进行插值。考虑到生成的养分栅格图并未全域覆盖评价范围，需要用海口市行政界线对养分栅格图进行延展。依据评价单元图与养分栅格图的空间对应关系，通过 Spatial

Analyst 空间分析模块 Zonal Statistics 工具对进行空间叠加分析，将栅格数据中的养分值赋给评价单元。

三、图件清绘整饰

对专题图件进行整饰，可以使图件布局更加合理、美观。首先将空间数据图层按照点、线、面由上往下依次叠加放置，确定图件纸张大小、设定图件输出比例尺，设置各个图层的符合样式，包括点位的大小、线条的粗细、养分含量等级的颜色等。然后根据规范标注相关图层的注记，包括地名注记点、道路名称、养分等级等。最后再根据要求添加图名、图廓、图例、比例尺、指北针、地理位置示意图、坐标投影、编制单位、编制日期等图幅辅助要素，输出成果图件。

第三章　耕地质量等级分析

第一节　耕地质量等级面积与分布

一、海口市耕地质量等级与分布

依据《耕地质量等级》（GB/T 33469—2016），采用累加法计算耕地质量综合指数，通过计算各评价单元的综合指数，形成耕地质量综合指数分布曲线，根据曲线斜率的突变点确定最高等、最低等综合指数的临界点，再采用等距法将海口市耕地按质量等级由高到低依次划分为一级至十级，各等级面积比例及分布如表 3-1 所示。

表 3-1　海口市耕地质量等级面积与比例

质量等级	综合指数	面积（万亩）	比例（%）
一级地	≥0.885 0	5.37	5.25
二级地	0.861 9~0.885 0	7.70	7.54
三级地	0.838 8~0.861 9	10.54	10.31
四级地	0.815 7~0.838 8	12.17	11.91
五级地	0.792 6~0.815 7	10.89	10.65
六级地	0.769 5~0.792 6	12.64	12.37
七级地	0.746 4~0.769 5	15.30	14.96
八级地	0.723 3~0.746 4	13.99	13.69

（续表）

质量等级	综合指数	面积（万亩）	比例（%）
九级地	0.700 2~0.723 3	8.65	8.46
十级地	<0.7002	4.97	4.86

海口市耕地面积约102.23万亩。其中，一级地面积为5.37万亩，占海口市耕地总面积的比例是5.25%；二级地面积为7.70万亩，占7.54%；三级地面积为10.54万亩，占10.31%；四级地面积为12.17万亩，占11.91%；五级地面积为10.89万亩，占10.65%；六级地面积为12.64万亩，占12.37%；七级地面积为15.30万亩，占14.96%；八级地面积为13.99万亩，占13.69%；九级地面积为8.65万亩，占8.46%；十级地面积为4.97万亩，占4.86%。耕地质量加权平均等级为5.65，说明海口市耕地质量整体属于中等偏下水平。

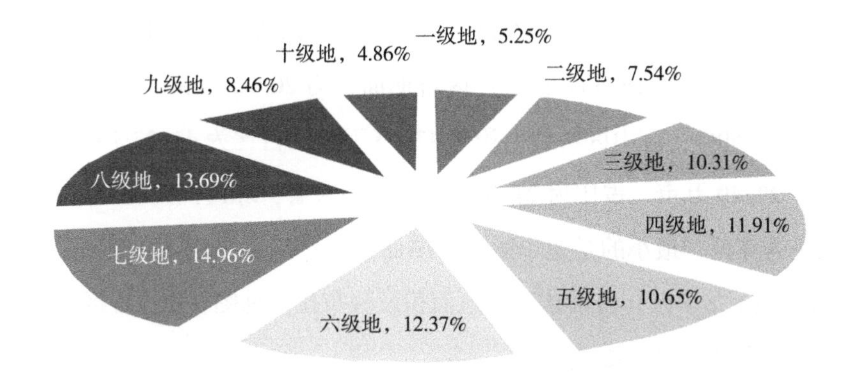

图3-1　海口市耕地质量等级面积占比

高等级地（一级地至三级地）面积23.61万亩，占全市耕地面积的23.10%。主要分布在滨海平原高阶地、河流冲积平原、宽谷冲积平原区、宽谷盆地、河流沿岸低阶地或丘陵的下部，以性状良好的潴育型水稻土，以及土体深厚的砖红壤和赤红壤为主。这部分耕地基础地力较好，产量高，没有明显障碍因素。

中等级地（四级地至六级地）面积 35.70 万亩，占全市耕地面积的 34.93%。主要分布在沿海平原低中阶地、河流两岸冲积台地和丘陵中下部，以潴育型水稻土、渗育型水稻土、典型赤红壤、典型砖红壤为主。这部分耕地土壤熟化程度稍低，供肥性能稍低，基础地力中等水平，是粮食增产潜力的重要区域。

低等级地（七级地至十级地）面积 42.91 万亩，占全市耕地面积的 41.97%。主要分布在丘陵山地区的中下部、宽谷盆地的中上部等区域，以赤红土、燥红土、砖红壤、石质土和淹育型水稻土为主。这部分耕地基础地力相对差，耕地土壤存在“黏、酸、瘦、薄”等障碍因素。

二、各市辖区耕地质量概况

海口市耕地面积 102.23 万亩。其中，龙华区耕地面积 16.73 万亩，占全市耕地总面积的 16.36%；美兰区耕地面积为 20.96 万亩，占全市耕地总面积的 20.50%；琼山区耕地面积为 42.15 万亩，占比为 41.23%；秀英区耕地面积 22.40 万亩，占比为 21.91%。从面积来看，琼山区的耕地面积最大，其次是秀英区，最小的是龙华区。按照面积大小顺序排列为：琼山区>秀英区>美兰区>龙华区。各市辖区耕地面积及分布比例见图 3-2，各区各等级耕地面积分布详见表 3-2。

海口市耕地面积 102.23 万亩。其中，一级地面积为 5.37 万亩，占海口市耕地总面积的 5.25%，主要分布在龙华区，占海口市一级地耕地总面积的 59.83%；二级地面积为 7.70 万亩，占海口市耕地总面积的 7.54%，各辖区均有分布，面积最大的是美兰区，最小的是秀英区；三级地面积为 10.54 万亩，占海口市耕地总面积的 10.31%，三级地主要分布在美兰区和琼山区两

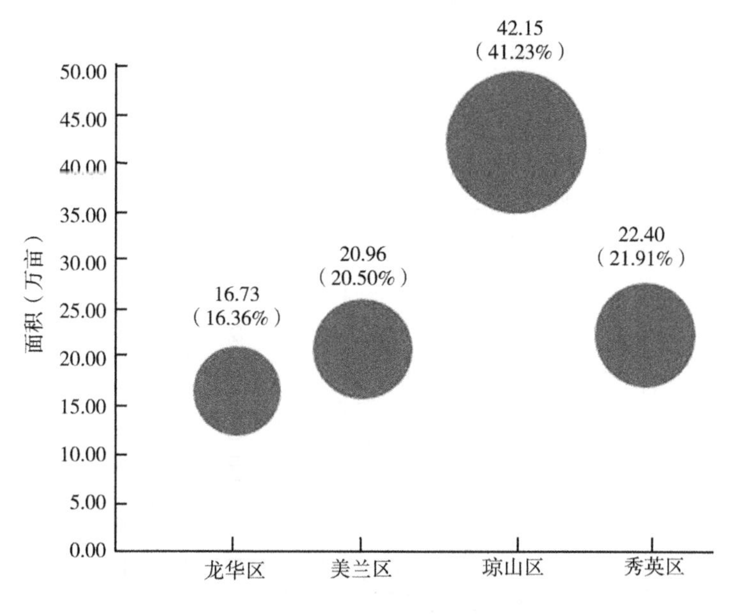

图 3-2　海口市各辖区耕地面积与比例

个区，两个区三级地总面积占海口市三级地总面积超过了 74. 17%；四级地面积为 12. 17 万亩，占海口市耕地总面积的 11. 91%，主要分布在秀英区和琼山区，秀英区四级地耕地面积占海口市四级地总面积的 48. 71%；五级地面积为 10. 89 万亩，占海口市耕地总面积的 10. 65%，各市辖区均有分布，但龙华区分布面积较小，仅占海口市五级地总面积的 2. 64%；六级地面积为 12. 64 万亩，占海口市耕地总面积的 12. 37%，主要分布在琼山区，占海口市六级地总面积的 42. 50%；七级地面积为 15. 30 万亩，占海口市耕地总面积的 14. 96%，主要分布在琼山区，占比接近海口市七级地总面积的 52. 18%；八级地面积为 13. 99 万亩，占海口市耕地总面积的 13. 69%，主要分布在琼山、龙华和秀英 3 个区，占比之和超过了海口市八级地的 96%；九级地面积为 8. 65 万亩，占海口市耕地总面积的 8. 46%，主要分布在琼山区和龙华区，面积占海口市九级地总面积的 84. 11%；十级地面积为 4. 97 万

表 3-2　海口市各辖区耕地质量等级面积与比例

区　名	一级地		二级地		三级地		四级地		五级地		六级地	
	面积（亩）	比例（%）	面积（亩）	比例（%）	面积（亩）	比例（%）	面积（亩）	比例（%）	面积（亩）	比例（%）	面积（亩）	比例（%）
龙　华	32 103. 91	3. 14	25 668. 13	2. 51	8 131. 46	0. 80	1 645. 88	0. 16	2 872. 16	0. 28	3 946. 05	0. 39
美　兰	4 671. 58	0. 46	28 371. 84	2. 78	45 571. 34	4. 46	20 067. 95	1. 96	34 568. 41	3. 38	37 086. 28	3. 63
琼　山	9 903. 93	0. 97	12 882. 76	1. 26	32 630. 52	3. 19	40 722. 05	3. 98	47 336. 61	4. 63	53 723. 12	5. 26
秀　英	6 975. 84	0. 68	10 109. 22	0. 99	19 102. 32	1. 87	59 302. 94	5. 80	24 132. 89	2. 36	31 662. 34	3. 10
合　计	53 655. 26	5. 25	77 031. 94	7. 54	105 435. 65	10. 31	121 738. 81	11. 91	108 910. 07	10. 65	126 417. 78	12. 37

区　名	七级地		八级地		九级地		十级地		合　计	
	面积（亩）	比例（%）	面积（亩）	比例（%）	面积（亩）	比例（%）	面积（亩）	比例（%）	面积（亩）	比例（%）
龙　华	21 202. 19	2. 07	43 140. 29	4. 22	24 322. 19	2. 38	4 232. 48	0. 41	167 264. 74	16. 36
美　兰	22 238. 25	2. 18	4 927. 50	0. 48	8 296. 88	0. 81	3 752. 76	0. 37	209 552. 78	20. 50
琼　山	79 828. 71	7. 81	57 944. 05	5. 67	47 477. 69	4. 64	39 041. 08	3. 82	421 490. 52	41. 23
秀　英	29 707. 44	2. 91	33 916. 11	3. 32	6 389. 09	0. 62	2 672. 58	0. 26	223 970. 77	21. 91
合　计	152 976. 59	14. 96	139 927. 96	13. 69	86 485. 86	8. 46	49 698. 90	4. 86	1 022 278. 81	100. 00

亩，占海口市耕地总面积的4.86%，主要分布在琼山区，面积占海口市十级地总面积的78.56%。

三、海口市耕地质量平均等级

为了更好地了解整个海口市耕地质量状况，引入一个平均等级的概念，即耕地质量等级加权平均值，同时便于从时间上更好地对比耕地质量变化，总结耕地质量建设工作成效，在2019年7月，农业农村部耕地质量监测保护中心联合全国农业技术推广服务中心印发了《全国耕地质量等级评价指标体系》，要求今后在开展耕地质量评价工作时评价方法必须是国家标准方法，目的在于解决全国各地耕地质量无法汇总和对比的问题。本次评价海口市正是在新标准下开展的耕地质量评价工作。例如，海口市就属于全国九大农业区划的华南区，二级农业分区则属于雷琼及南海诸岛农林区。

海口市各等级耕地的面积与比例见本节前文表3-1。由表3-1中各等级耕地质量数据计算，海口市耕地质量加权平均等级为5.65。

第二节　主要土壤类型耕地质量状况

海口市耕地共涉及砖红壤、水稻土、燥红土、火山灰土、石质土、紫色土、新积土、滨海盐土、风沙土和赤红壤10个土类，其中砖红壤、水稻土、火山灰土、石质土和紫色土5个土类面积较大，分别为53.15万亩、24.99万亩、17.05万亩、2.27万亩和2.13万亩，分别占全市耕地总面积的比例为53.15%、24.45%、16.68%、2.22%和2.08%，详见表3-3和图3-3。

从表3-3可知，砖红壤是海口市耕地主要土壤类型。砖红壤类型的耕地中，六级耕地面积最大占比最高，面积为102 172.48亩，占自身土类面积比为19.22%；水稻土类型的耕地中，面积最大的是二级耕地，面积为

表 3-3　海口市主要土壤类型耕地质量等级面积与占全市耕地总面积比例

土壤类型	一级地		二级地		三级地		四级地		五级地		六级地	
	面积（亩）	比例（%）	面积（亩）	比例（%）	面积（亩）	比例（%）	面积（亩）	比例（%）	面积（亩）	比例（%）	面积（亩）	比例（%）
砖红壤	12 563.18	1.23	11 115.21	1.09	56 491.34	5.53	67 377.94	6.59	76 393.09	7.47	102 172.5	9.99
水稻土	30 343.19	2.97	53 197.42	5.20	39 855.76	3.90	45 557.22	4.46	22 305.34	2.18	13 802.03	1.35
火山灰土	6 875.58	0.67	7 313.43	0.72	4 835.57	0.47	1 556.04	0.15	4 096.50	0.40	2 628.47	0.26
石质土	267.86	0.03	248.42	0.02	0.00	0.00	0.00	0.00	0.47	0.00	0.00	0.00
紫色土	1 366.18	0.13	939.95	0.09	1 322.83	0.13	2 826.30	0.28	2 404.95	0.24	4 933.58	0.48

土壤类型	七级地		八级地		九级地		十级地		合　计	
	面积（亩）	比例（%）	面积（亩）	比例（%）	面积（亩）	比例（%）	面积（亩）	比例（%）	面积（亩）	比例（%）
砖红壤	89 966.21	8.80	29 815.96	2.92	46 951.59	4.59	38 693.76	3.79	531 540.78	52.00
水稻土	16 937.57	1.66	20 317.32	1.99	4 372.62	0.43	3 257.52	0.32	249 945.99	24.45
火山灰土	35 204.97	3.44	71 005.82	6.95	31 399.15	3.07	5 629.39	0.55	170 544.92	16.68
石质土	5 778.63	0.57	12 232.27	1.20	2 398.85	0.23	1 817.26	0.18	22 743.76	2.22
紫色土	4 652.69	0.46	2 214.09	0.22	649.90	0.06	0.00	0.00	21 310.47	2.08

53 197. 42 亩，占本土类面积比为 21. 28%，占全市耕地总面积的 5. 20%；火山灰土类的耕地中，面积最大的是八级耕地，面积为 71 005. 82 亩，占本土类总面积的 41. 63%；石质土类的耕地中，面积最大的八级耕地，面积为 12 232. 27 亩，占本土类面积的 53. 78%；紫色土类型耕地中，面积最大的是六级地，面积为 4 933. 58 亩，占本土壤总面积的 23. 15%。

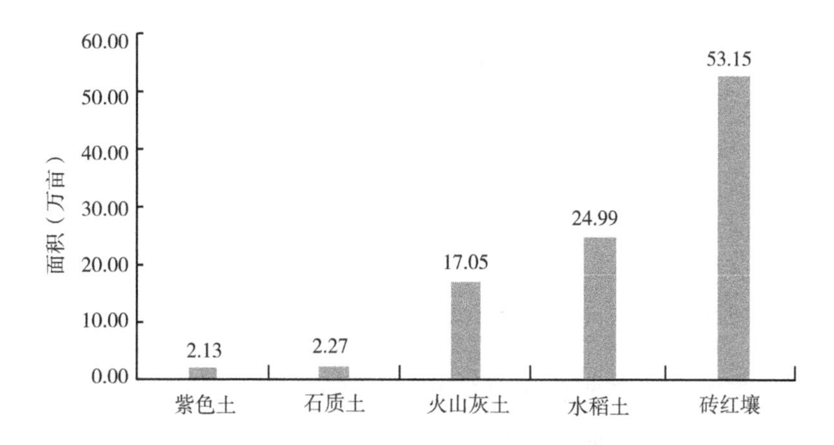

图 3-3　海口市主要土壤类型耕地面积

一、砖红壤

该土壤类型的耕地总面积有 531 540. 76 亩，占海口市耕地总面积的 52. 00%。各等级均有分布，总体呈现正态分布规律。面积分布最大的是六级地，面积 102 712. 48 亩，占全市耕地总面积 9. 99%；面积分布最小的是二级地，面积为 11 115. 21 亩，占全市耕地总面积的 1. 09%。各等级耕地面积大小顺序依次为：六级地>七级地>五级地>四级地>三级地>九级地>十级地>八级地>一级地>二级地。砖红壤各等级耕地面积及其占本土类比例见图3-4。

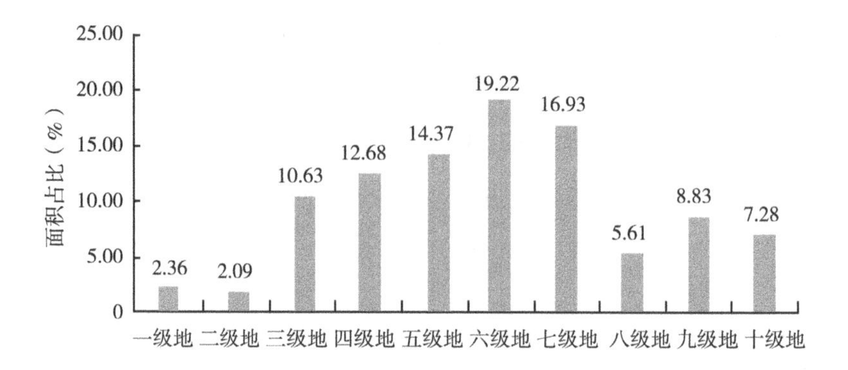

图 3-4　海口市砖红壤各等级耕地面积与占本土类比例

二、水稻土

该土壤类型的耕地总面积有 249 945.99 亩，占海口市耕地总面积的 24.45%。其中，一级地的面积为 30 343.19 亩，占全市耕地面积的 2.97%；二级地的面积为 53 197.42 亩，占全市耕地面积的 5.20%；三级地的面积为 39 855.76 亩，占全市耕地面积的 3.90%；四级地的面积为 45 557.22 亩，占全市耕地面积的 4.46%；五级地的面积为 22 305.34 亩，占全市耕地面积 2.18%；六级地的面积为 13 802.03 亩，占全市耕地面积 1.35%；七级地的面积为 16 937.57 亩，占耕地总面积的比例为 1.66%；八级地的面积为 20 317.32 亩，占全市耕地面积 1.99%；九级地的面积为 4 372.62 亩，占全市耕地面积 0.43%；十级地面积为 3 257.52 亩，占全市耕地面积 0.32%。水稻土各等级耕地面积及其占本土类比例见图 3-5。

三、火山灰土

该土壤类型的耕地总面积有 170 544.91 亩，占海口市耕地面积的比例是

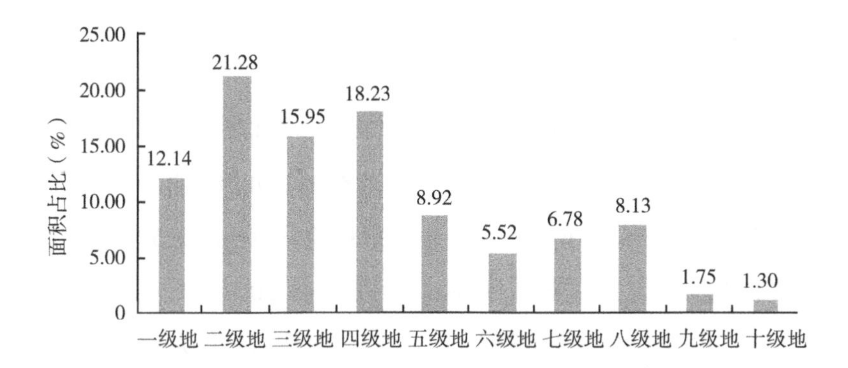

图 3-5　海口市水稻土各等级耕地面积与占本土类比例

16.68%。一级地至六级地面积分布较少，占比不超过本土类的 5%。七级地、八级地和九级地面积的占比较大，总和超过了本土壤类型耕地总面积的 80%。其中，七级地的面积为 35 204.97 亩，占海口市耕地总面积的比例为 3.44%；八级地的面积为 71 005.82 亩，占全市耕地总面积的 6.95%；九级地的面积为 31 399.15 亩，占全市耕地总面积的 3.07%。此外，十级地的面积为 5 629.39 亩，占全市耕地总面积的 0.55%。火山灰土各等级耕地面积及其占本土类比例见图 3-6。

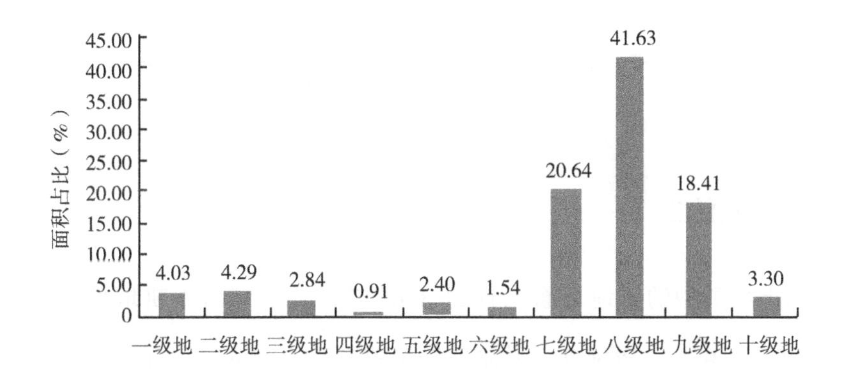

图 3-6　海口市火山灰土各等级耕地面积与占本土类比例

四、石质土

该土壤类型的耕地总面积有22 743.74亩，占海口市耕地面积的2.22%，总体耕地质量较低，主要集中在七级地、八级地、九级地和十级地。其中，七级地的面积为5 778.63亩，占海口市全市耕地总面积的0.57%；八级地的面积为12 232.27亩，占全市耕地总面积的1.20%；九级地的面积为2 398.85亩，占全市耕地总面积的0.23%；十级地的面积为1 817.26亩，占全市耕地总面积的0.18%。石质土各等级耕地面积及其占本土类比例见图3-7。

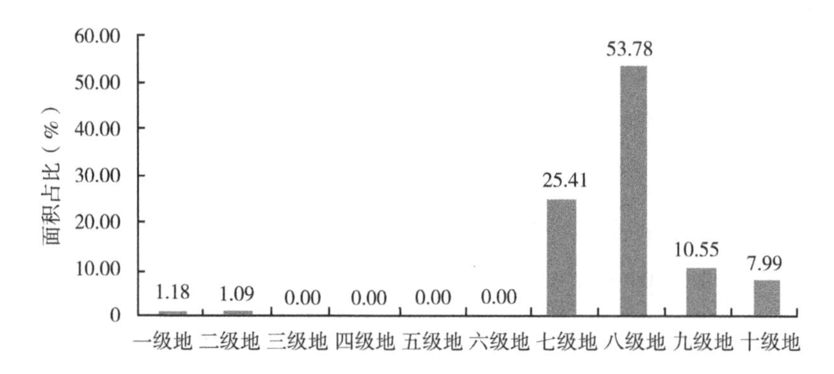

图3-7　海口市石质土各等级耕地面积与占本土类比例

五、紫色土

该土壤类型的耕地总面积有21 310.47亩，占海口市耕地面积的比例是2.08%。除了十级地外，其余各等级耕地均有分布。其中，分布面积最大的是六级耕地，面积为4 933.58亩，占全市耕地总面积的0.48%；分布面积最小的是九级耕地，面积为649.90亩，占全市耕地总面积的

0. 06%。各等级面积大小排序依次为：六级地>七级地>四级地>五级地>八级地>一级地>三级地>二级地>九级地。紫色土各等级耕地面积及其占本土类比例见图3-8。

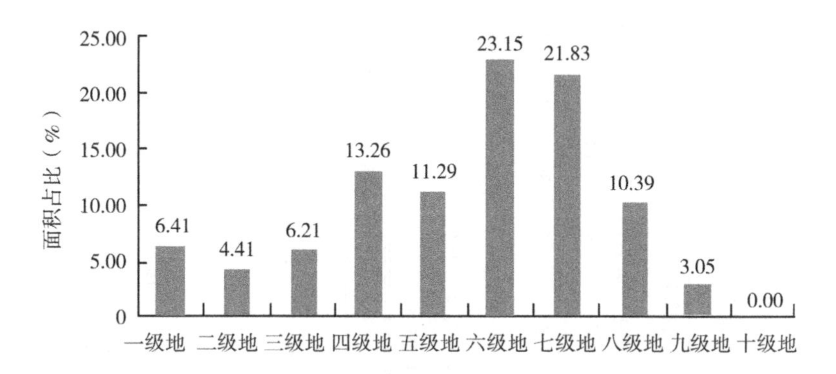

图 3-8　海口市紫色土各等级耕地面积与占本土类比例

第三节　不同耕地利用类型耕地质量状况

海口市耕地共有 3 个土地利用类型，分别为旱地、水浇地和水田。其中，水田面积最大，为533 330. 85 亩，占全市耕地的 52. 17%；其次是旱地，面积为488 240. 79 亩，占全市耕地总面积的 47. 76%；面积最小的为水浇地，面积仅 707. 17 亩，占比不足 0. 1%。详见表 3-4 和图 3-9。

一、水田耕地质量状况

该类耕地总面积为533 330. 9 亩，占海口市耕地面积的 52. 17%。其中，一级地的面积为39 180. 6 亩，占全市耕地面积的 3. 83%；二级地的面积为

表 3-4 海口市不同类型耕地质量等级面积与比例

耕地利用类型	一等级		二等级		三等级		四等级		五等级		六等级	
	面积（亩）	比例（%）	面积（亩）	比例（%）	面积（亩）	比例（%）	面积（亩）	比例（%）	面积（亩）	比例（%）	面积（亩）	比例（%）
旱　地	14 457. 55	1. 41	13 333. 87	1. 30	25 058. 50	2. 45	28 778. 94	2. 82	36 381. 40	3. 56	59 175. 87	5. 79
水浇地	17. 09	0. 00	166. 49	0. 02	98. 28	0. 01	39. 15	0. 00	106. 14	0. 01	69. 50	0. 01
水　田	39 180. 62	3. 83	63 531. 59	6. 21	80 278. 87	7. 85	92 920. 72	9. 09	72 422. 54	7. 08	67 172. 42	6. 57
小　计	53 655. 26	5. 25	77 031. 94	7. 54	105 435. 65	10. 31	121 738. 81	11. 91	108 910. 07	10. 65	126 417. 78	12. 37

耕地利用类型	七等级		八等级		九等级		十等级		合　计	
	面积（亩）	比例（%）	面积（亩）	比例（%）	面积（亩）	比例（%）	面积（亩）	比例（%）	面积（亩）	比例（%）
旱　地	100 808. 79	9. 86	110 650. 28	10. 82	66 224. 58	6. 48	33 371. 02	3. 26	488 240. 79	47. 76
水浇地	50. 16	0. 00	134. 37	0. 01	22. 27	0. 00	3. 73	0. 00	707. 17	0. 07
水　田	52 117. 64	5. 10	29 143. 31	2. 85	20 239. 00	1. 98	16 324. 15	1. 60	533 330. 85	52. 17
小　计	152 976. 59	14. 96	139 927. 96	13. 69	86 485. 86	8. 46	49 698. 90	4. 86	1 022 278. 8	100. 00

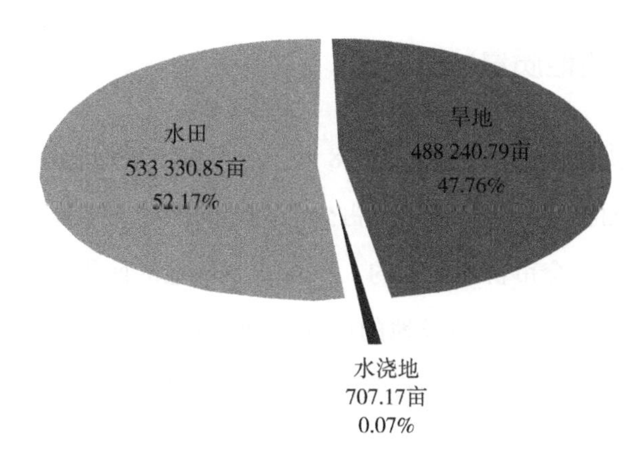

图 3-9　海口市不同地类耕地面积与占比

63 531.6亩，占全市耕地面积的6.21%；三级地的面积为80 278.9亩，占全市耕地面积的7.85%；四级地的面积为92 920.7亩，占全市耕地面积的9.09%；五级地的面积为72 422.5亩，占7.08%；六级地的面积为67 172.4亩，占6.57%；七级地的面积为52 117.6亩，占全市耕地总面积的比例为5.10%；八级地的面积为29 143.3亩，占2.85%；九级地的面积为20 239.0亩，占1.98%；十级地的面积为16 324.2亩，占1.60%（图3-10）。

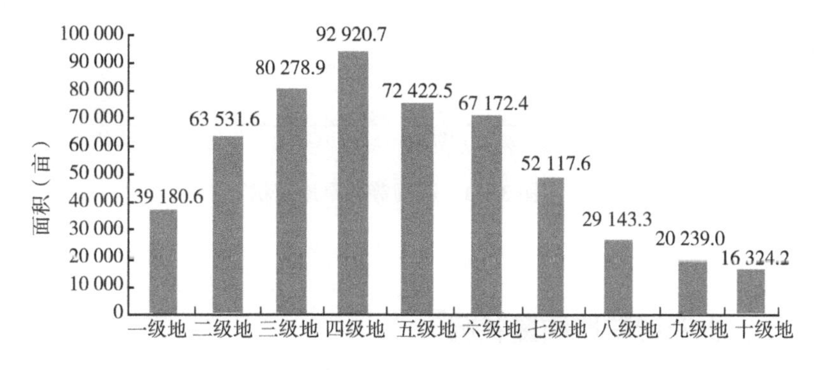

图 3-10　海口市不同等级水田面积

二、旱地耕地质量状况

该类型的耕地总面积有488 240. 8亩，占海口市耕地面积的47. 76%。其中，一级地的面积为14 457. 5亩，占全市耕地面积的1. 41%；二级地的面积为13 333. 9亩，占全市耕地面积的1. 30%；三级地的面积为25 058. 5亩，占全市耕地面积的2. 45%；四级地的面积为28 778. 9亩，占全市耕地面积的2. 82%；五级地的面积为36 381. 4亩，占全市耕地面积的3. 56%；六级地的面积为59 175. 9亩，占全市耕地面积的5. 79%；七级地的面积为100 808. 8亩，占全市耕地总面积的9. 86%；八级地的面积为110 650. 3亩，占全市耕地面积的10. 82%；九级地的面积为66 224. 6亩，占全市耕地面积的6. 48%；十级地的面积为33 371. 0亩，占全市耕地面积的3. 26%（图3-11）。

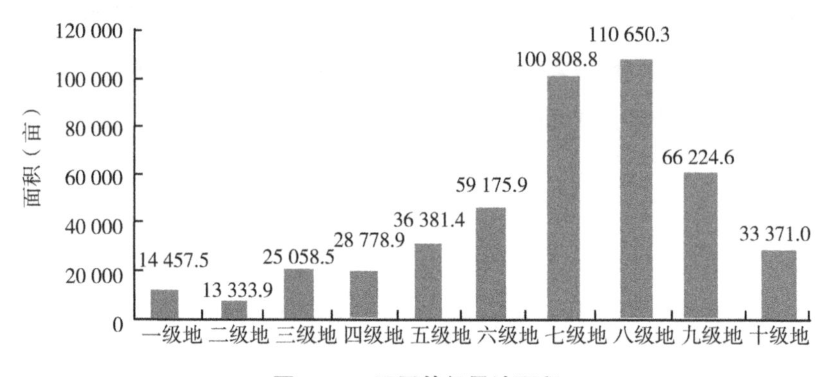

图 3-11　不同等级旱地面积

三、水浇地耕地质量状况

该类型的耕地总面积有707. 2亩，占海口市耕地面积的比例是0. 07%。其中，一级地的面积为17. 1亩，二级地的面积为166. 5亩，三级地的面积为 98.3 亩，四级地的面积为 39.2 亩，五级地的面积为 106.1 亩，六级地的面积为 69.5 亩，七级地的面积为 50.2 亩，八级地的面积为 134.4 亩，九级地的面积为 22.3 亩，十级地的面积为 3.7 亩（图 3-12）。

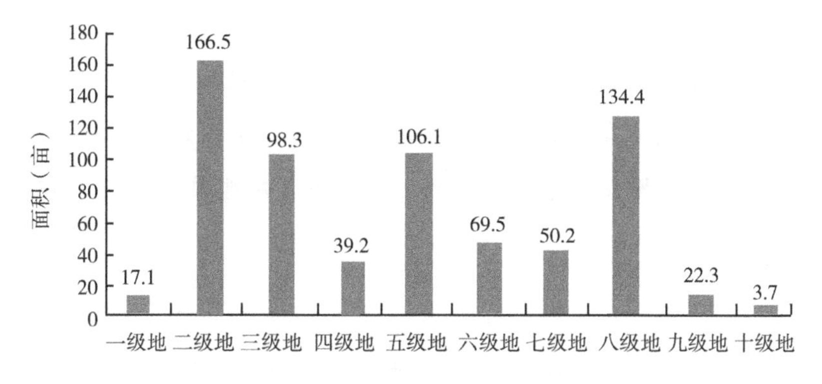

图 3-12　海口市不同等级水浇地面积

第四节　龙华区耕地质量状况

一、龙华区耕地质量总体情况

海口市耕地面积 102.23 万亩，龙华区耕地面积 16.73 万亩，占全市耕地总面积的 16.36%，八级地面积最大，四级地面积最小，全区耕地质量平均等级为 5.42。其中，一级地面积为 32 103.9 亩，占全市耕地总面积的 3.14%，占龙华区耕地总面积的 19.19%；二级地面积为 25 668.1 亩，占全市耕地总面积的 2.51%，占龙华区耕地总面积的 15.35%；三级地的面积为 8 131.5 亩，占全市耕地面积的 0.80%，占龙华区耕地总面积的 4.86%；四级地的面积为 1 645.9 亩，占全市耕地面积的 0.16%，占龙华区耕地总面积的 0. 98%；五级地的面积为 2 872. 2 亩，占全市耕地面积的 0. 28%，占龙华区耕地总面积的 1. 72%；六级地的面积为 3 946. 0 亩，占全市耕地总面积的 0. 39%，占龙华区耕地总面积的 2. 36%；七级地的面积为 21 202. 1 亩，占全市耕地总面积的比例为 2. 07%，占龙华区耕地总面积的 12. 68%；八级地的面积为 43 140. 3 亩，占全市的 4. 22%，占龙华区耕地总面积的 25. 79%；九级地的面积为 24 322. 2 亩，占全市耕地面积的 2. 38%，占龙华区耕地总面积的 14. 54%；十级地的面积为 4 232. 5 亩，仅占全市耕地总面积的 0. 41%，占龙华区耕地总面积的 2. 53%（图 3-13）。

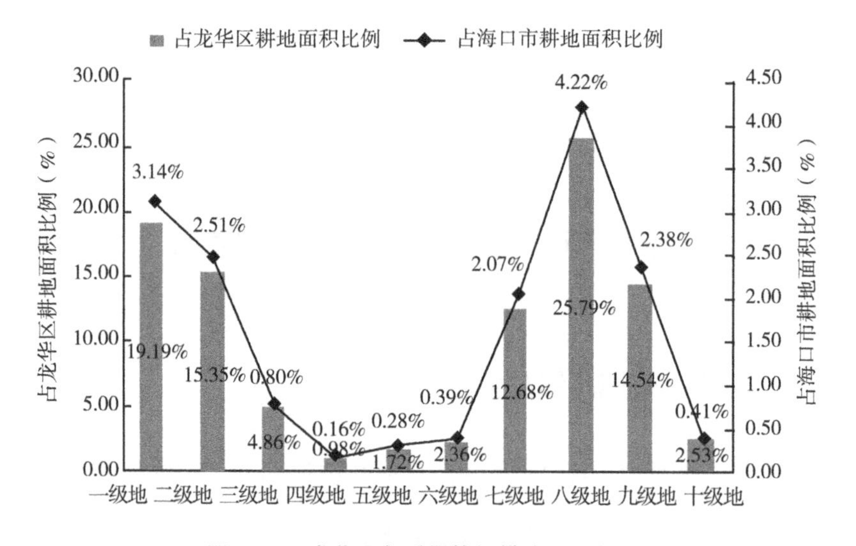

图 3-13　龙华区各质量等级耕地面积占比

二、龙华区主要土壤类型耕地质量状况

海口市龙华区耕地共涉及火山灰土、石质土、水稻土、新积土、砖红壤

和紫色土 6 个土类，面积分别为 94 142.7 亩、6 382.7 亩、53 161.3 亩、2 558.1 亩、5 902.2 亩和 5 117.8 亩，分别占全区耕地总面积的比例为 56.28%、3.82%、31.78%、1.53%、3.53%和 3.06%，详见图 3-14 和表 3-5。

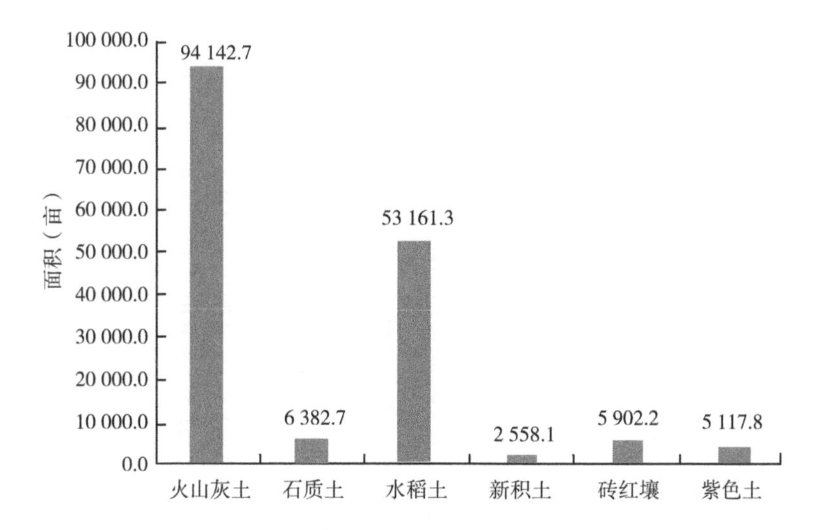

图 3-14　龙华区主要土壤类型耕地面积

从表 3-5 可知，火山灰土类耕地中，八级地面积最大，为 36 915.1 亩，占全区耕地总面积的 22.07%；石质土类耕地中，仅七级地、八级地、九级地和十级地有分布；水稻土类型的耕地中，面积最大的是一级地的耕地，面积为 21 578.5 亩，占全区耕地总面积的 12.90%；新积土类耕地，面积较小分布无规律；砖红壤类型的耕地中，质量好的耕地面积大于质量差的耕地，说明砖红壤是较好的旱地资源；紫色土类耕地中，六级地分布面积较大，占全区耕地总面积的 0.78%。

表 3–5　龙华区不同土壤类型耕地各质量等级面积及其占该区耕地总面积的比例

土壤类型	一级地		二级地		三级地		四级地		五级地		六级地	
	面积（亩）	比例（%）	面积（亩）	比例（%）	面积（亩）	比例（%）	面积（亩）	比例（%）	面积（亩）	比例（%）	面积（亩）	比例（%）
火山灰土	6 482. 4	3. 88	3 811. 5	2. 28	1 980. 8	1. 18	186. 8	0. 11	533. 9	0. 32	570. 2	0. 34
石质土	247. 5	0. 15	25. 2	0. 02	0. 0	0. 00	0. 0	0. 00	0. 0	0. 00	0. 0	0. 00
水稻土	21 578. 5	12. 90	19 403. 7	11. 60	4 041. 7	2. 42	551. 0	0. 33	873. 9	0. 52	839. 8	0. 50
新积土	813. 2	0. 49	987. 5	0. 59	527. 9	0. 32	3. 9	0. 00	0. 0	0. 00	98. 1	0. 06
砖红壤	1 616. 2	0. 97	675. 8	0. 40	1 160. 9	0. 69	57. 9	0. 03	1 181. 7	0. 71	1 129. 3	0. 68
紫色土	1 366. 2	0. 82	764. 4	0. 46	420. 2	0. 25	846. 4	0. 51	282. 6	0. 17	1 308. 7	0. 78
小　计	32 103. 9	19. 19	25 668. 1	15. 35	8 131. 5	4. 86	1 645. 9	0. 98	2 872. 2	1. 72	3 946. 0	2. 36

土壤类型	七级地		八级地		九级地		十级地		合　计	
	面积（亩）	比例（%）	面积（亩）	比例（%）	面积（亩）	比例（%）	面积（亩）	比例（%）	面积（亩）	比例（%）
火山灰土	18 883. 1	11. 29	36 915. 1	22. 07	21 503. 2	12. 86	3 275. 8	1. 96	94 142. 7	56. 28
石质土	570. 2	0. 34	3 426. 3	2. 05	1 323. 8	0. 79	789. 6	0. 47	6 382. 7	3. 82
水稻土	1 562. 2	0. 93	2 708. 3	1. 62	1 443. 7	0. 86	158. 4	0. 09	53 161. 3	31. 78
新积土	0. 0	0. 00	67. 3	0. 04	51. 5	0. 03	8. 8	0. 01	2 558. 1	1. 53
砖红壤	80. 5	0. 05	0. 1	0. 00	0. 0	0. 00	0. 0	0. 00	5 902. 2	3. 53
紫色土	106. 2	0. 06	23. 1	0. 01	0. 0	0. 00	0. 0	0. 00	5 117. 8	3. 06
小　计	21 202. 2	12. 68	43 140. 3	25. 79	24 322. 2	14. 54	4 232. 5	2. 53	167 264. 7	100. 00

三、龙华区不同地类耕地质量状况

海口市龙华区耕地涉及旱地、水田和水浇地 3 个地类，旱地和水田的面积分别为102 549. 33 亩和64 643. 50 亩，分别占龙华区耕地总面积的比例为 61. 31%和 38. 65%；水浇地面积为 71. 91 亩，仅占龙华区耕地总面积的 0. 04%，详见图 3-15 和表 3-6。

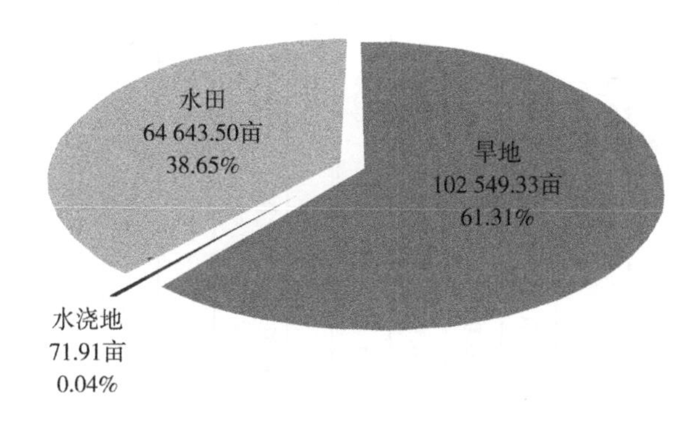

图 3-15　龙华区主要耕地地类面积与占比

从表 3-6 可知，龙华区旱地中面积最大的是八级地，面积为 40 816. 4 亩，占全区耕地总面积的 24. 40%，其次是九级地，面积为 23 233. 6 亩，占全区耕地总面积的 13. 89%，面积最小的是四级地，仅为 549. 6 亩，仅占全区耕地总面积的 0. 33%。在水田当中，10 个等级中，各个等级耕地均有分布，面积最大的是一级地，面积为 25 436. 6 亩，占全区的 15. 21%，其次是二级地，面积为 25 668. 1 亩，占全区耕地总面积的 15. 35%，分布面积最小的是十级地，面积仅为 599. 4 亩，仅占全区耕地总面积的 0. 36%。

表 3-6　龙华区不同土地利用类型耕地各质量等级面积及其占该区耕地总面积的比例

土地利用类型	一级地		二级地		三级地		四级地		五级地		六级地	
	面积（亩）	比例（%）	面积（亩）	比例（%）	面积（亩）	比例（%）	面积（亩）	比例（%）	面积（亩）	比例（%）	面积（亩）	比例（%）
旱　地	6 653. 2	3. 98	2 822. 7	1. 69	1 165. 7	0. 70	549. 6	0. 33	1 427. 6	0. 85	2 327. 6	1. 39
水浇地	14. 1	0. 01	30. 9	0. 02	0. 0	0. 00	0. 0	0. 00	5. 2	0. 00	0. 0	0. 00
水　田	25 436. 6	15. 21	22 814. 6	13. 64	6 965. 8	4. 16	1 096. 3	0. 66	1 439. 4	0. 86	1 618. 4	0. 97
小　计	32 103. 9	19. 19	25 668. 1	15. 35	8 131. 5	4. 86	1 645. 9	0. 98	2 872. 2	1. 72	3 946. 0	2. 36

土地利用类型	七级地		八级地		九级地		十级地		合　计	
	面积（亩）	比例（%）	面积（亩）	比例（%）	面积（亩）	比例（%）	面积（亩）	比例（%）	面积（亩）	比例（%）
旱　地	19 919. 9	11. 91	40 816. 4	24. 40	23 233. 6	13. 89	3 633. 1	2. 17	102 549. 3	61. 31
水浇地	0. 0	0. 00	7. 6	0. 00	14. 2	0. 01	0. 0	0. 00	71. 9	0. 04
水　田	1 282. 3	0. 77	2 316. 3	1. 38	1 074. 5	0. 64	599. 4	0. 36	64 643. 5	38. 65
小　计	21 202. 2	12. 68	43 140. 3	25. 79	24 322. 2	14. 54	4 232. 5	2. 53	167 264. 7	100. 00

第五节　美兰区耕地质量状况

一、美兰区耕地质量总体情况

海口市耕地面积 102.23 万亩，美兰区耕地面积 20.96 万亩，占全市耕地总面积的 20.50%，三级地面积分布最大，十级地面积最小，全区耕地质量平均等级为 4.68。其中，一级地面积为 4 671.6 亩，占全市耕地总面积的 0.45%，占美兰区耕地总面积的 2.23%；二级地面积为 28 371.8 亩，占全市耕地总面积的 2.78%，占美兰区耕地总面积的 13.54%；三级地的面积为 45 571.3 亩，占全市耕地面积的 4.46%，占美兰区耕地总面积的 21.75%；四级地的面积为 20 067.9 亩，占全市耕地面积的 1.96%，占美兰区耕地总面积的 9.58%；五级地的面积为 34 568.4 亩，占全市耕地面积的 3.38%，占美兰区耕地总面积的 16.50%；六级地的面积为 37 086.3 亩，占全市耕地总面积的 3.63%，占美兰区耕地总面积的 17.70%；七级地的面积为 22 238.2 亩，占全市耕地总面积的比例为 2.18%，占美兰区耕地总面积的 10.61%；八级地的面积为 4 927.5 亩，占全市耕地总面积的 0.48%，占美兰区耕地总面积的 2.35%；九级地的面积为 8 296.9 亩，占全市耕地面积的 0.81%，占美兰区耕地总面积 3.96%；十级地的面积为 3 752.8 亩，仅占全市耕地总面积的 0.37%，占美兰区耕地总面积的 1.79%（图 3-16）。

二、美兰区主要土壤类型耕地质量状况

海口市美兰区耕地共涉及滨海盐土、赤红壤、风沙土、石质土、水稻土、新积土和砖红壤 7 个土类，面积分别为 4 936.3 亩、167.3 亩、1 180.6 亩、1 283.1亩、60 665.1亩、7 207.7亩和134 112.7亩，分别占全区耕地总

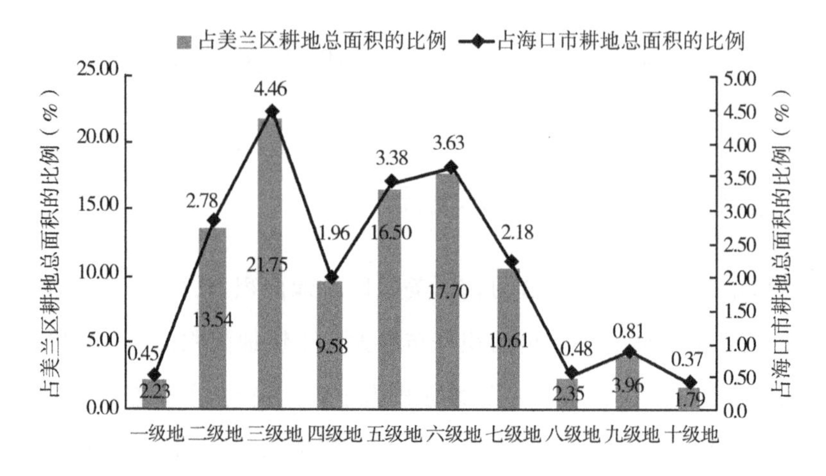

图 3-16 美兰区各质量等级耕地面积比例

面积的比例为 2.36%、0.08%、0.56%、0.61%、28.95%、3.44% 和 64.00%，详见图 3-17 和表 3-7。

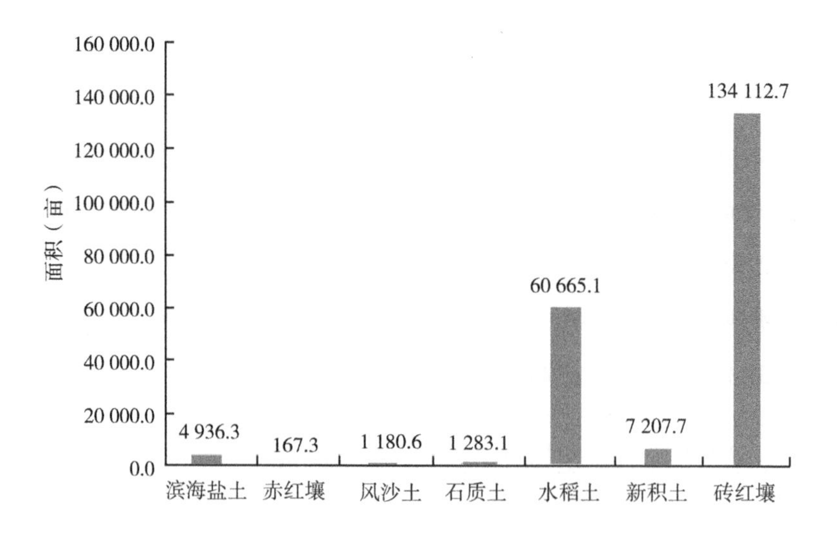

图 3-17 美兰区主要土壤类型耕地面积

表 3-7 美兰区不同土壤类型耕地各质量等级面积及其占美兰区耕地总面积的比例

土壤类型	一级地		二级地		三级地		四级地		五级地		六级地	
	面积（亩）	比例（%）	面积（亩）	比例（%）	面积（亩）	比例（%）	面积（亩）	比例（%）	面积（亩）	比例（%）	面积（亩）	比例（%）
滨海盐土	0.0	0.00	0.0	0.00	132.1	0.06	606.5	0.29	3 414.1	1.63	736.3	0.35
赤红壤	0.0	0.00	0.0	0.00	0.0	0.00	20.4	0.01	147.0	0.07	0.0	0.00
风沙土	0.0	0.00	7.6	0.00	24.0	0.01	0.0	0.00	116.5	0.06	415.9	0.20
石质土	0.0	0.00	187.2	0.09	0.0	0.00	0.0	0.00	0.0	0.00	0.0	0.00
水稻土	2 901.6	1.38	20 678.5	9.87	19 977.3	9.53	3 401.2	1.62	5 191.7	2.48	5 195.2	2.48
新积土	1 426.1	0.68	2 794.2	1.33	790.4	0.38	4.5	0.00	0.0	0.00	0.0	0.00
砖红壤	343.9	0.16	4 704.3	2.24	24 647.5	11.76	16 035.4	7.65	25 699.1	12.26	30 738.9	14.67
小　计	4 671.6	2.23	28 371.8	13.54	45 571.3	21.75	20 067.9	9.58	34 568.4	16.50	37 086.3	17.70

土壤类型	七级地		八级地		九级地		十级地		合　计	
	面积（亩）	比例（%）	面积（亩）	比例（%）	面积（亩）	比例（%）	面积（亩）	比例（%）	面积（亩）	比例（%）
滨海盐土	0.0	0.00	47.2	0.02	0.0	0.00	0.0	0.00	4 936.3	2.36
赤红壤	0.0	0.00	0.0	0.00	0.0	0.00	0.0	0.00	167.3	0.08
风沙土	327.9	0.16	282.3	0.13	6.4	0.00	0.0	0.00	1 180.6	0.56
石质土	286.1	0.14	159.4	0.08	498.4	0.24	152.0	0.07	1 283.1	0.61
水稻土	2 133.9	1.02	1 087.6	0.52	93.6	0.04	4.4	0.00	60 665.1	28.95
新积土	0.0	0.00	2 160.4	1.03	32.1	0.02	0.0	0.00	7 207.7	3.44
砖红壤	19 490.3	9.30	1 190.6	0.57	7 666.4	3.66	3 596.3	1.72	134 112.7	64.00
小　计	22 238.2	10.61	4 927.5	2.35	8 296.9	3.96	3 752.8	1.79	209 552.8	100.00

由表 3-7 可知，美兰区砖红壤类耕地面积最大，占全区耕地总面积的 64.00%；赤红壤类耕地面积最小，不足 200 亩，占全区耕地总面积比例不到0.01%；新积土和滨海盐土类耕地面积也不足万亩，占全区耕地总面积比例分别为 3.44%和 2.36%；水稻土是全区耕地面积第二大土类，面积为 60 665.1 亩，占全区耕地总面积的比例为 28.95%；赤红壤、风沙土和石质土三类耕地占全区耕地总面积的比例均不足 1%；水稻土类型的耕地中面积最大的是二级地，面积为20 678.5 亩，占全区耕地总面积的比例为 9.87%；砖红壤类型的耕地中，六级地耕地面积最大、占比最高，面积为 30 738.9 亩，占全区耕地总面积的比例为 14.67%。

三、美兰区不同地类耕地质量状况

海口市美兰区耕地涉及旱地、水浇地和水田 3 个地类，其中，水田是面积最大的地类，面积为136 793.6亩，占美兰区耕地总面积的 65.28%；旱地的面积分别为72 590.5 亩，占美兰区耕地总面积的 34.64%；水浇地的面积最小，仅为 168.7 亩，占美兰区耕地总面积的 0.08%。详见图 3-18 和表3-8。

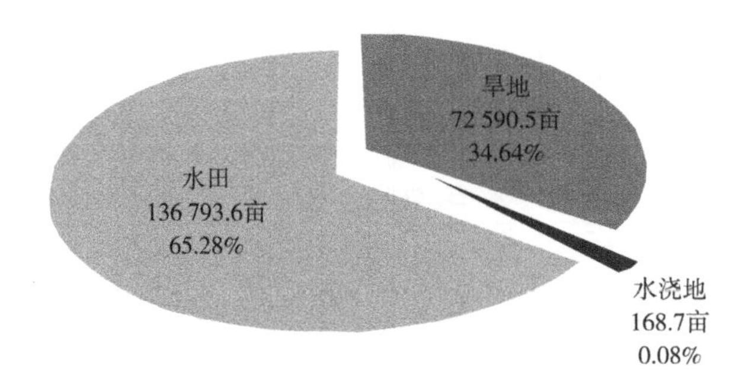

图 3-18　美兰区主要耕地地类面积与占比

表 3-8　美兰区不同土地利用类型耕地各质量等级面积及其占该区耕地总面积的比例

土地利用类型	一级地		二级地		三级地		四级地		五级地		六级地	
	面积（亩）	比例（%）	面积（亩）	比例（%）	面积（亩）	比例（%）	面积（亩）	比例（%）	面积（亩）	比例（%）	面积（亩）	比例（%）
旱　地	588.1	0.28	3 009.1	1.44	8 856.9	4.23	5 499.6	2.62	13 046.9	6.23	15 046.7	7.18
水浇地	1.1	0.00	17.3	0.01	18.0	0.01	9.4	0.00	72.9	0.03	33.1	0.02
水　田	4 082.4	1.95	25 345.4	12.10	36 696.5	17.51	14 558.9	6.95	21 448.6	10.24	22 006.5	10.50
小　计	4 671.6	2.23	28 371.8	13.54	45 571.3	21.75	20 067.9	9.58	34 568.4	16.50	37 086.3	17.70

土地利用类型	七级地		八级地		九级地		十级地		合　计	
	面积（亩）	比例（%）	面积（亩）	比例（%）	面积（亩）	比例（%）	面积（亩）	比例（%）	面积（亩）	比例（%）
旱　地	14 288.5	6.82	3 682.6	1.76	5 766.2	2.75	2 805.9	1.34	72 590.5	34.64
水浇地	1.4	0.00	15.4	0.01	0.0	0.00	0.0	0.00	168.7	0.08
水　田	7 948.3	3.79	1 229.5	0.59	2 530.6	1.21	946.9	0.45	136 793.6	65.28
小　计	22 238.2	10.61	4 927.5	2.35	8 296.9	3.96	3 752.8	1.79	209 552.8	100.00

由表3-8可知，美兰区旱地中五级、六级和七级3个等级耕地面积之和超过了全区耕地总面积的20%，其中面积分布最大的是六级地，面积为15 046.7亩，占全区耕地总面积的7.18%；其次是七级地，面积为14 288.5亩，占全区耕地总面积的6.82%。在水田当中，10个等级均有分布，三级耕地面积最大，面积为36 696.5亩，占全区耕地总面积的17.51%；其次是二级地，面积为25 345.4亩，占全区耕地总面积的12.10%；面积最小的是十级地，面积仅有946.9亩，仅占全区耕地总面积的0.45%。水浇地中，除了九级和十级地面积分布为0，其余各等级均有分布，面积最大的是五级地，为72.9亩，占全区耕地总面积的0.03%。

第六节　琼山区耕地质量状况

一、琼山区耕地质量总体情况

琼山区耕地面积42.15万亩，占海口市耕地总面积的41.23%，七级地面积最大，一级地面积最小，全区耕地质量平均等级为6.40，是全市四区中平均等级最低的。其中，一级地面积为9 903.9亩，占全市耕地总面积的0.97%，占琼山区耕地总面积的2.35%；二级地面积为12 882.8亩，占全市耕地总面积的1.26%，占琼山区耕地总面积的3.06%；三级地的面积为32 630.5亩，占全市耕地面积的3.19%，占琼山区耕地总面积的7.74%；四级地的面积为40 722.0亩，占全市耕地面积的3.98%，占琼山区耕地总面积的9.66%；五级地的面积为47 336.6亩，占全市耕地面积的4.63%，占琼山区的比例为11.25%；六级地的面积为53 723.1亩，占全市耕地总面积的5.26%，占琼山区耕地总面积的12.75%；七级地的面积为79 828.7亩，占全市耕地总面积的比例为7.81%，占琼山区耕地总面积的 18. 94%；八级地的面积为 57 944. 1 亩，占全市耕地总面积的 5. 67%，占琼山区耕地总面积的 13. 75%；九级地的面积为 47 477. 7 亩，占全市耕地面积的 4. 64%，占全区耕地总面积 11. 26%；十级地的面积为 39 041. 1 亩，占全市耕地总面积的 3. 82%，占琼山区耕地总面积的 9. 26%（图 3-19）。

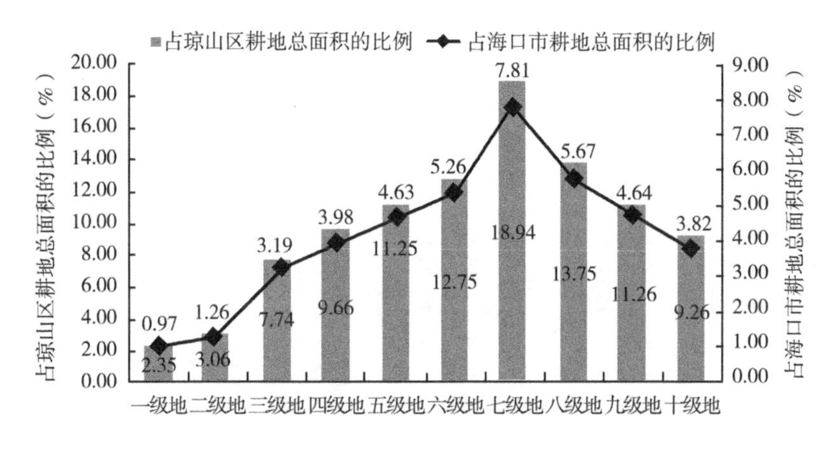

图 3-19　琼山区各质量等级耕地面积比例

二、琼山区主要土壤类型耕地质量状况

海口市琼山区耕地共涉及赤红壤、火山灰土、水稻土、新积土、砖红壤和紫色土 6 个土类，按面积大小排序为：砖红壤>水稻土>火山灰土>新积土>紫色土>赤红壤，面积分别为 307 957. 5 亩、77 080. 3 亩、33 456. 1 亩、2 494. 9 亩、467. 4 亩和 34. 4 亩，分别占全区耕地总面积的比例为 73. 06%、18. 29%、7. 94%、0. 59%、0. 11%和 0. 01%，详见表 3-9 和图 3-20。

表 3-9　琼山区不同土壤类型耕地各质量等级面积及其占该区耕地总面积的比例

土壤类型	一级地		二级地		三级地		四级地		五级地		六级地	
	面积（亩）	比例（%）	面积（亩）	比例（%）	面积（亩）	比例（%）	面积（亩）	比例（%）	面积（亩）	比例（%）	面积（亩）	比例（%）
赤红壤	0.0	0.00	0.0	0.00	0.0	0.00	30.1	0.01	0.0	0.00	0.0	0.00
火山灰土	94.2	0.02	1 114.2	0.26	1 129.8	0.27	127.6	0.03	1 415.3	0.34	184.2	0.04
水稻土	4 367.8	1.04	9 120.5	2.16	9 196.4	2.18	13 186.8	3.13	9 542.2	2.26	4 230.9	1.00
新积土	0.0	0.00	115.6	0.03	1 118.2	0.27	77.9	0.02	0.0	0.00	0.0	0.00
砖红壤	5 442.0	1.29	2 532.5	0.60	21 186.1	5.03	27 233.1	6.46	36 379.2	8.63	49 308.0	11.70
紫色土	0.0	0.00	0.0	0.00	0.0	0.00	66.5	0.02	0.0	0.00	0.0	0.00
小　计	9 903.9	2.35	12 882.8	3.06	32 630.5	7.74	40 722.0	9.66	47 336.6	11.23	53 723.1	12.75

土壤类型	七级地		八级地		九级地		十级地		合　计	
	面积（亩）	比例（%）	面积（亩）	比例（%）	面积（亩）	比例（%）	面积（亩）	比例（%）	面积（亩）	比例（%）
赤红壤	1.6	0.00	2.6	0.00	0.0	0.00	0.0	0.00	34.4	0.01
火山灰土	2 020.9	0.48	17 592.5	4.17	7 799.0	1.85	1 978.5	0.47	33 456.1	7.94
水稻土	12 015.3	2.85	11 146.4	2.64	1 836.1	0.44	2 438.0	0.58	77 080.3	18.29
新积土	0.0	0.00	932.9	0.22	250.3	0.06	0.0	0.00	2 494.9	0.59
砖红壤	65 790.9	15.61	27 884.5	6.62	37 576.6	8.92	34 624.5	8.21	307 957.5	73.06
紫色土	0.0	0.00	385.1	0.09	15.8	0.00	0.0	0.00	467.4	0.11
小　计	79 828.7	18.94	57 944.1	13.75	47 477.7	11.26	39 041.1	9.26	421 490.5	100.00

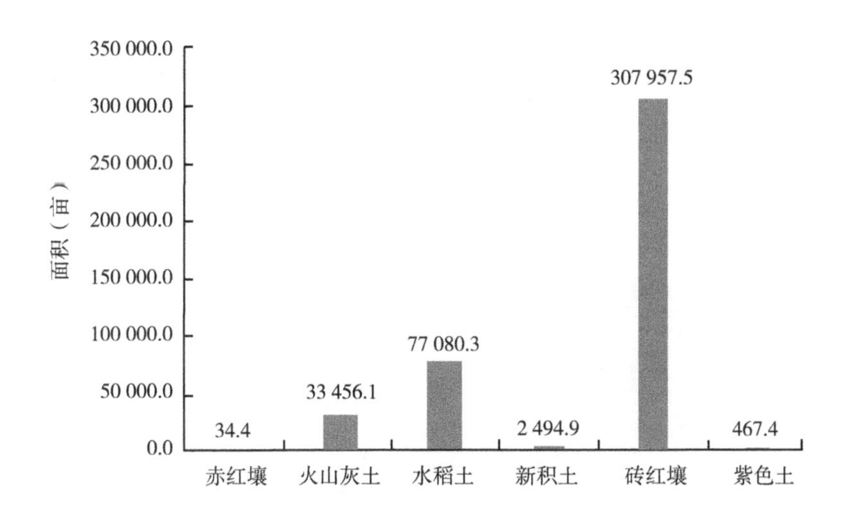

图 3-20　琼山区主要土壤类型耕地面积

由表 3-9 可知，琼山区所有土类的耕地中，砖红壤类耕地面积最大，占全区耕地总面积的 73.06%，其中，七级地的面积最大，为 65 790.9 亩，占全区耕地总面积的 15.61%，一级地的面积最小，仅为 5 442.0 亩，占全区耕地总面积的 1.29%。赤红壤类耕地面积最小，不足 50 亩，占比仅为 0.01%。紫色土土类耕地面积也不足 500 亩，占全区耕地总面积的 0.11%。水稻土是全区耕地面积第二大土类，面积为 77 080.3 亩，占全区耕地总面积的 18.29%，其中，面积最大的是四级地，面积为 13 186.8 亩，占全区耕地总面积的 3.13%，十级地面积最小，为 2 438.0 亩。火山灰土类耕地是琼山区面积第三大土类耕地，总面积为 33 456.1 亩，占全区耕地总面积的 7.94%。

三、琼山区不同地类耕地质量状况

海口市琼山区耕地涉及旱地、水浇地和水田 3 个地类。其中，水田是面积最大的地类，面积为 236 437.3 亩，占全区耕地总面积的 56.10%；

旱地的面积为 184 929. 5 亩，占全区耕地总面积的比例为 43. 88%；水浇地的面积最小，仅为 123. 7 亩，占全区耕地总面积的 0. 03%。详见图 3-21 和表3-10。

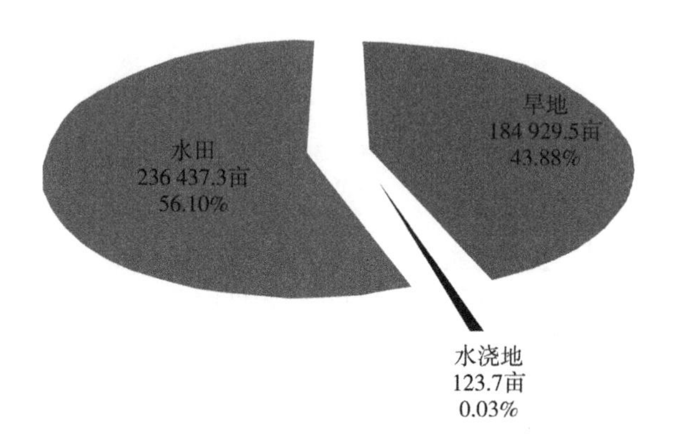

图 3-21　琼山区主要耕地地类面积与占比

由表 3-10 可知，水田占全区耕地总面积的 56. 10%，10 个等级均有分布，其中，分布最大的是七级地，面积为40 557. 9亩，占全区耕地总面积的 9. 62%，其次是五级地，面积为 36 714. 8 亩，占全区耕地总面积的 8. 71%，而面积最小的是一级地，面积仅有 8 629. 4 亩，仅占全区耕地总面积的 2. 05%。旱地占全区耕地总面积的 43. 88%，10 个等级均有分布，其中，面积分布最大的是七级地，面积为 39 246. 4 亩，占全区耕地总面积的 9. 31%，其次是八级地，面积为36 186. 8亩，占全区耕地总面积的 8. 59%，而面积最小的是一级地，面积仅有 1 272. 6 亩，仅占全区耕地总面积的 0. 30%。全区水浇地面积仅为 123. 7 亩，主要集中在五级、六级和七级 3 个等级的耕地分布。

表 3-10 琼山区不同土地利用类型耕地各质量等级面积及其占该区耕地总面积的比例

土地利用类型	一级地		二级地		三级地		四级地		五级地		六级地	
	面积（亩）	比例（%）	面积（亩）	比例（%）	面积（亩）	比例（%）	面积（亩）	比例（%）	面积（亩）	比例（%）	面积（亩）	比例（%）
旱 地	1 272.6	0.30	3 356.1	0.80	7 757.4	1.84	8 106.0	1.92	10 599.5	2.51	20 916.4	4.96
水浇地	1.9	0.00	2.2	0.00	11.1	0.00	16.1	0.00	22.3	0.01	21.2	0.01
水 田	8 629.4	2.05	9 524.5	2.26	24 862.0	5.90	32 599.9	7.73	36 714.8	8.71	32 785.5	7.78
小 计	9 903.9	2.35	12 882.8	3.06	32 630.5	7.74	40 722.0	9.66	47 336.6	11.23	53 723.1	12.75

土地利用类型	七级地		八级地		九级地		十级地		合 计	
	面积（亩）	比例（%）	面积（亩）	比例（%）	面积（亩）	比例（%）	面积（亩）	比例（%）	面积（亩）	比例（%）
旱 地	39 246.4	9.31	36 186.8	8.59	32 000.3	7.59	25 487.9	6.05	184 929.5	43.88
水浇地	24.3	0.01	12.8	0.00	8.0	0.00	3.7	0.00	123.7	0.03
水 田	40 557.9	9.62	21 744.4	5.16	15 469.4	3.67	13 549.4	3.21	236 437.3	56.10
小 计	79 828.7	18.94	57 944.1	13.75	47 477.7	11.26	39 041.1	9.26	421 490.5	100.00

第七节　秀英区耕地质量状况

一、秀英区耕地质量总体情况

秀英区耕地面积22.40万亩，占海口市耕地总面积的21.91%，四级地面积分布最大，十级地面积最小，全区耕地质量平均等级为5.34。其中，一级地面积为6 975.8亩，占全市耕地总面积的0.68%，占秀英区耕地总面积的3.11%；二级地面积为10 109.2亩，占全市耕地总面积的0.99%，占秀英区耕地总面积的4.51%；三级地的面积为19 102.3亩，占全市耕地总面积的1.87%，占秀英区耕地总面积的8.53%；四级地的面积为59 302.9亩，占全市耕地总面积的5.80%，占秀英区耕地总面积的26.48%；五级地的面积为24 132.9亩，占全市耕地总面积的2.36%，占秀英区耕地总面积的10.78%；六级地的面积为31 662.3亩，占全市耕地总面积的3.10%，占秀英区耕地总面积的14.14%；七级地的面积为29 707.4亩，占全市耕地总面积的2.91%，占秀英区耕地总面积的13.26%；八级地的面积为33 916.1亩，占全市耕地总面积的3.32%，占秀英区耕地总面积的15.14%；九级地的面积为6 389.1亩，占全市耕地面积的0.62%，占秀英区耕地总面积2.85%；十级地的面积为2 672.6亩，占全市耕地总面积的0.26%，占全区耕地总面积的1.19%（图3-22）。

二、秀英区主要土壤类型耕地质量状况

海口市秀英区耕地共涉及砖红壤、水稻土、火山灰土、紫色土、石质土、新积土和风沙土7个土类，按对应分布面积分别为83 568.3亩、59 039.3亩、42 946.1亩、15 725.3亩、15 078.0亩、5 428.1亩和2 185.7

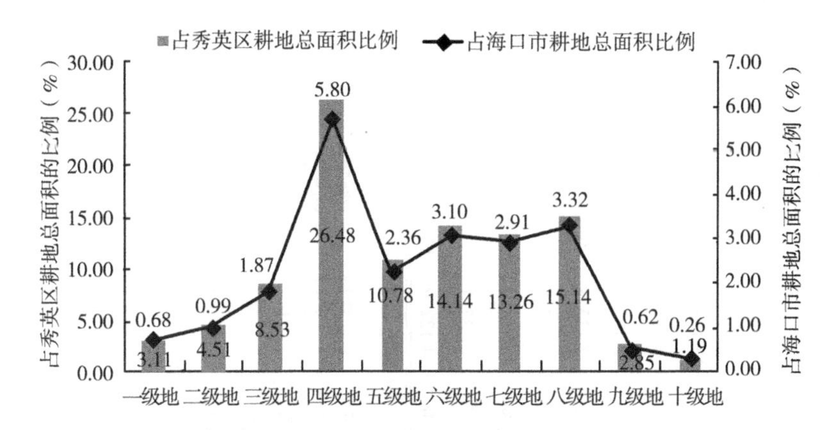

图 3-22 秀英区各质量等级耕地面积比例

亩，分别占秀英区耕地总面积的比例为 37.31%、26.36%、19.17%、7.02%、6.73%、2.42%和 0.98%，详见图 3-23 和表 3-11。

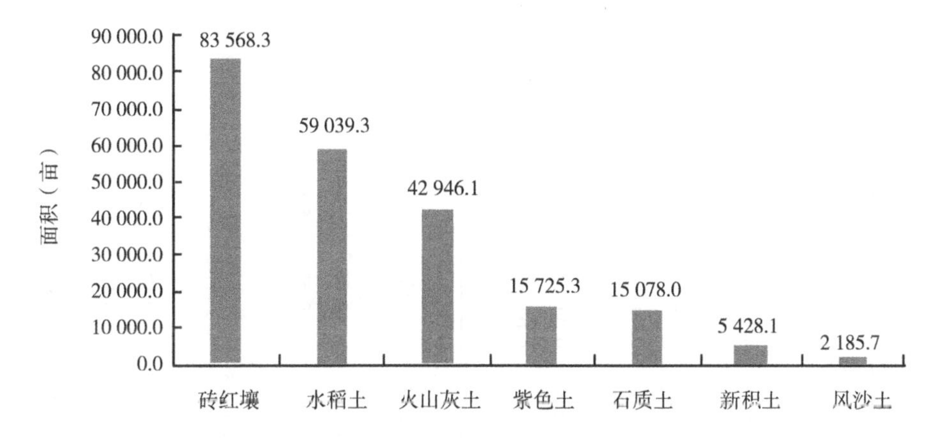

图 3-23 秀英区主要土壤类型耕地面积

表 3-11 秀英区不同土壤类型耕地各质量等级面积及其占该区耕地总面积的比例

土壤类型	一级地		二级地		三级地		四级地		五级地		六级地	
	面积（亩）	比例（%）	面积（亩）	比例（%）	面积（亩）	比例（%）	面积（亩）	比例（%）	面积（亩）	比例（%）	面积（亩）	比例（%）
砖红壤	5 161.2	2.30	3 202.7	1.43	9 496.7	4.24	24 051.5	10.74	13 133.1	5.86	20 996.2	9.37
水稻土	1 495.2	0.67	3 994.7	1.78	6 640.4	2.96	28 418.2	12.69	6 697.5	2.99	3 536.2	1.58
火山灰土	299.0	0.13	2 387.7	1.07	1 725.0	0.77	1 241.7	0.55	2 147.3	0.96	1 874.1	0.84
紫色土	0.0	0.00	175.5	0.08	902.6	0.40	1 913.4	0.85	2 122.3	0.95	3 624.9	1.62
石质土	20.4	0.01	36.0	0.02	0.0	0.00	0.0	0.00	0.5	0.00	0.0	0.00
新积土	0.0	0.00	312.6	0.14	337.5	0.15	3 678.1	1.64	4.4	0.00	143.6	0.06
风沙土	0.0	0.00	0.0	0.00	0.0	0.00	0.0	0.00	27.7	0.01	1 487.4	0.66
小　计	6 975.8	3.11	10 109.2	4.51	19 102.3	8.53	59 302.9	26.48	24 132.9	10.78	31 662.3	14.14

土壤类型	七级地		八级地		九级地		十级地		合　计	
	面积（亩）	比例（%）	面积（亩）	比例（%）	面积（亩）	比例（%）	面积（亩）	比例（%）	面积（亩）	比例（%）
砖红壤	4 604.5	2.06	740.8	0.33	1 708.5	0.76	472.9	0.21	83 568.3	37.31
水稻土	1 226.2	0.55	5 375.0	2.40	999.3	0.45	656.7	0.29	59 039.3	26.36
火山灰土	14 301.0	6.39	16 498.1	7.37	2 097.0	0.94	375.1	0.17	42 946.1	19.17
紫色土	4 546.5	2.03	1 805.9	0.81	634.1	0.28	0.0	0.00	15 725.3	7.02
石质土	4 922.3	2.20	8 646.6	3.86	576.6	0.26	875.6	0.39	15 078.0	6.73
新积土	107.0	0.05	844.8	0.38	0.0	0.00	0.0	0.00	5 428.1	2.42
风沙土	0.0	0.00	4.9	0.00	373.5	0.17	292.2	0.13	2 185.7	0.98
小　计	29 707.4	13.26	33 916.1	15.14	6 389.1	2.85	2 672.6	1.19	223 970.8	100.00

由表3-11可知，砖红壤、水稻土和火山灰土是秀英区的主要类型土壤。砖红壤类型的耕地面积占全区耕地总面积的37.31%，其中，分布面积最大的是四级地，面积为24 051.5亩，占该区耕地总面积的10.71%。水稻土类型的耕地中，10个等级均有分布，分布面积最大的四级地，面积为28 418.2亩，占全区耕地总面积的12.69%，五级地的耕地面积为6 697.5亩，占秀英区耕地总面积的2.99%，在10个等级中面积大小排第二位。火山灰土是秀英区的耕地的第三大土壤类型，总面积为42 946.1亩，占全区耕地总面积的19.17%。风沙土是秀英区耕地中面积最小的土壤类型，面积仅2 185.7亩，占秀英区耕地总面积的比例不足1%。

三、秀英区不同地类耕地质量状况

海口市秀英区耕地涉及旱地、水浇地和水田3个地类。旱地是面积最大的地类，为128 171.4亩，占全区耕地总面积的57.23%；水田是面积第二大的耕地地类，为95 456.4亩，占全区耕地总面积的42.62%；水浇地面积较小，有342.9亩，仅占全区耕地总面积的0.15%。详见图3-24和表3-12。

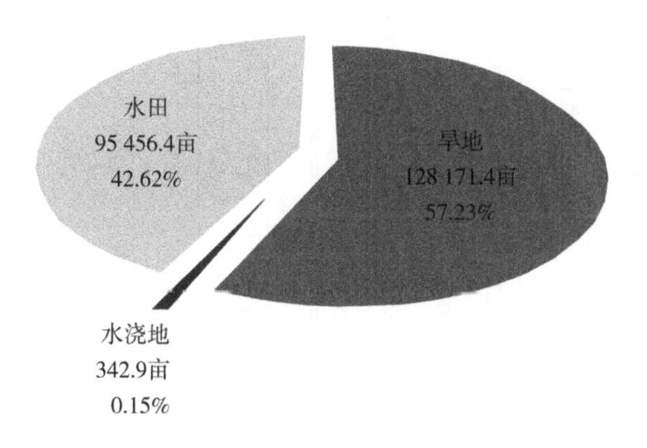

图3-24　秀英区主要耕地地类面积与占比

表 3-12 秀英区不同土地利用类型耕地各质量等级面积及其占该区耕地总面积的比例

土地利用类型	一级地		二级地		三级地		四级地		五级地		六级地	
	面积（亩）	比例（%）	面积（亩）	比例（%）	面积（亩）	比例（%）	面积（亩）	比例（%）	面积（亩）	比例（%）	面积（亩）	比例（%）
旱　地	5 943.7	2.65	4 146.0	1.85	7 278.6	3.25	14 623.7	6.53	11 307.3	5.05	20 885.2	9.32
水浇地	0.0	0.00	116.1	0.05	69.1	0.03	13.6	0.01	5.8	0.00	15.2	0.01
水　田	1 032.2	0.46	5 847.1	2.61	11 754.6	5.25	44 665.6	19.94	12 819.8	5.72	10 762.0	4.81
小　计	6 975.8	3.11	10 109.2	4.51	19 102.3	8.53	59 302.9	26.48	24 132.9	10.78	31 662.3	14.14

土地利用类型	七级地		八级地		九级地		十级地		合　计	
	面积（亩）	比例（%）	面积（亩）	比例（%）	面积（亩）	比例（%）	面积（亩）	比例（%）	面积（亩）	比例（%）
旱　地	27 353.9	12.21	29 964.5	13.38	5 224.5	2.33	1 444.1	0.64	128 171.4	57.23
水浇地	24.4	0.01	98.5	0.04	0.1	0.00	0.0	0.00	342.9	0.15
水　田	2 329.1	1.04	3 853.1	1.72	1 164.5	0.52	1 228.5	0.55	95 456.4	42.62
小　计	29 707.4	13.26	33 916.1	15.14	6 389.1	2.85	2 672.6	1.19	223 970.8	100.00

由表3-12可知，旱地占秀英区耕地总面积的57.23%，10个等级均有分布，其中，面积分布最大的是八级地，面积为29 964.5亩，占全区耕地总面积的13.38%，其次是七级地，面积为27 353.9亩，占全区耕地总面积的12.21%，而面积最小的是十级地，面积仅有1 444.1亩，仅占全区耕地总面积的0.64%。水田占全区耕地总面积的42.62%，10个等级均有分布，其中，四级地分布面积最大，面积为44 665.6亩，占全区耕地总面积的19.94%，其次是五级地，面积为12 819.8亩，占全区耕地总面积的5.72%，而面积最小的是一级地，面积仅有1 032.2亩，仅占全区耕地总面积的0.46%。整个秀英区的水浇地面积仅342.9亩，占全区耕地总面积的0.15%；只有一级地和十级地面积为0，其余各等级耕地均有分布，其中二级地面积最大。

第四章　耕地主要障碍因子与改良措施

海口市耕地障碍因素主要有偏酸、渍潜、障碍层次、瘠薄和盐渍化共5种类型。其中偏酸、渍潜和障碍层次的面积较大，分别为376 163.61亩、65 675.94亩和50 044.66亩；占全市耕地总面积的比例分别为36.80%、6.42%和4.90%。具体情况见表4-1。

表4-1　海口市耕地障碍因素类型及面积

障碍因素	分布区域	面积（亩）	占全市耕地总面积的比例（%）	面积合计（亩）	占比合计（%）
偏　酸	龙华区	1 022.72	0.10	376 163.61	36.80
	美兰区	63 934.74	6.25		
	琼山区	226 742.95	22.18		
	秀英区	84 463.19	8.26		
渍　潜	美兰区	16 707.88	1.63	65 675.94	6.42
	琼山区	48 968.06	4.79		
障碍层次	龙华区	8 112.64	0.79	50 044.66	4.90
	美兰区	1 845.77	0.18		
	琼山区	31 867.76	3.12		
	秀英区	8 218.49	0.80		
瘠　薄	龙华区	2 527.09	0.25	21 656.38	2.12
	美兰区	2 608.82	0.26		
	琼山区	15 348.71	1.50		
	秀英区	1 171.75	0.11		

（续表）

障碍因素	分布区域	面积（亩）	占全市耕地总面积的比例（%）	面积合计（亩）	占比合计（%）
盐渍化	美兰区	1 235.68	0.12	13 826.05	1.35
	秀英区	12 590.37	1.23		
合　计		527 366.63	51.59	527 366.63	51.59

从表4-1可以看出，不同障碍因素的分布特点明显：偏酸、障碍层次和瘠薄四区均有分布；盐渍化主要在美兰区和秀英区，因为这两个区的海岸线周边有耕地分布，受海水影响较大；渍潜则集中在美兰区和琼山区分布，受地下水位影响较大。

第一节　酸　化

海口市地处热带、亚热带地区，土壤脱硅富铝化作用较强，同时，农业生产中长期施用化肥，尤其是酸性或生理酸性肥料，造成海口市耕地土壤普遍偏酸。

一、分布特征

海口市偏酸耕地总面积为376 163.59亩。从耕地利用类型来看，水田偏酸的面积大于旱地；从各区分布来看，偏酸耕地面积最大的区为琼山区，面积为226 742.94亩，约占全市偏酸耕地总面积的60.28%，其次是秀英区和美兰区，分别占偏酸耕地总面积的22.45%和17.00%；从地貌类型来看，偏酸面积最大的是低海拔熔岩二级台地类耕地，约为102 533.34亩，占该类耕地的27.26%；从耕地质量等级来看，主要是七级地、四级地和六级地，面积分别为81 951.23亩、74 426.46亩和66 864.03亩，占比分别为

21.79%、19.79%和17.77%（表4-2）。

表4-2　海口市偏酸耕地面积及分布

质量等级	面积（亩）	地貌类型	面积（亩）	地　类	面积（亩）	区　域	面积（亩）
一级地	5.79	低海拔熔岩二级台地	102 533.34	水　田	214 395.62	琼山区	226 742.94
二级地	0.00	低海拔熔岩三级台地	60 139.02	旱　地	161 610.85	美兰区	63 934.73
三级地	24 721.76	侵蚀剥蚀低海拔熔岩低丘陵	1 565.96	水浇地	157.12	秀英区	84 463.19
四级地	74 426.46	低海拔熔岩一级台地	42 360.53			龙华区	1 022.72
五级地	54 699.43	低海拔侵蚀剥蚀低台地	74 478.27				
六级地	66 846.03	低海拔海积二级台地	3 427.69				
七级地	81 951.23	低海拔冲积洪积低台地	9 864.08				
八级地	18 106.84	低海拔河流低阶地	32 995.19				
九级地	31 950.01	低海拔冲积河漫滩	7 540.07				
十级地	23 456.02	低海拔冲积低台地	2 130.12				
		低海拔冲积平原	11 389.26				
		低海拔海积平原	1 525.10				
		低海拔熔岩四级台地	26 214.95				
合　计	376 163.59	合　计	376 163.59	合　计	376 163.59	合　计	376 163.59

二、改良措施

（一）合理选择化肥及控制用量

根据不同地区作物特色和土壤性质，选择合适的化肥，严格控制化肥用量。氮肥不是酸性，但却以酸性形式输入到土壤，长期使用氮肥会使土壤酸性越来越强，已成为作物减产的因素之一，建议多使用一些碱性肥料，中和土壤的酸性。

（二）加大有机肥料施用

有机肥料能使土壤中微生物大量繁殖，促进微生物的生命活动，农作物可以直接利用微生物固氮等生理生化反应的代谢产物，缓解土壤的酸化程度。秸秆还田不仅能够改善土壤本身的结构，还能保留秸秆中的碱性物质，从而进一步中和土壤中的酸性物质，缓解土壤酸化现象。植物残茬能有效提高酸化土壤的 pH 值，缓解土壤酸化。

（三）施用石灰调酸

石灰是以氧化钙为主要成分的气硬性无机凝胶材料，可以中和土壤中的氢离子，进而快速提高土壤的 pH 值，抑制铝释放，改善酸性土壤的效果明显。但是，施用石灰也具有一定弊端，例如，仅能改变表层酸性土壤 pH 值，对深层次的土壤性质难以改变；长期或大量使用石灰会引起土壤板结，还会引起土壤中钙、镁、钾等元素平衡失调从而导致作物减产。

（四）选择合理的耕作模式和种植作物

耕作模式：种植方法对于改良土壤酸化具有一定的作用。作物间作、套作等模式能够改良土壤构造，充分利用不同层次土壤的营养物质，使不同种间的作物均能够正常生长，从而进一步提高土壤肥力。但是，此方法不适用于所有农作物，具有一定的应用局限性。

选择作物：在酸化土壤中可以种植喜酸性农作物，如旱地种植菠萝等，既不影响农作物产量，又可以缓解土壤酸化。应尽力避免在酸化或潜在酸化的土壤上种植豆科类固氮能力强的农作物，防止土壤酸化加重。

第二节　渍　潜

渍潜的耕地主要是因为其地势较低、排水条件不良，地下水经常浸渍土体，土壤水分长期处于饱和状态，土体内部长期渍水，使土壤处于高度还原状态，形成渍潜现象。

一、分布特征

渍潜耕地全市约有65 675.94亩，集中分布在琼山区和美兰区，分别为48 968.49亩和16 707.88亩，分别占渍潜耕地总面积的74.56%和25.44%；10个等级均有此类耕地分布，其中以五级地和六级地为主，分布占全市的25.39%和25.72%；地貌类型涵盖了10种类型，分别为低海拔熔岩三级台地、低海拔熔岩一级台地、低海拔侵蚀剥蚀低台地、低海拔熔岩二级台地、低海拔海积一级台地、低海拔冲积海积三角洲平原、低海拔冲积海积平原、低海拔海积低阶地、低海拔海积平原和低海拔海滩，其中，低海拔熔岩三级台地类耕地为33 174.25亩，占渍潜耕地总面积的50.51%，其次是低海拔熔岩二级台地类耕地，面积为12 097.93亩，占比为18.42%（表4-3）。

表4-3 海口市渍潜型耕地面积及分布

质量等级	面积（亩）	地貌类型	面积（亩）	地类	面积（亩）	区域	面积（亩）
一级地	18.30	低海拔熔岩三级台地	33 174.25	水田	54 856.49	琼山区	48 968.06
二级地	1 285.06	低海拔熔岩一级台地	9 880.04	旱地	10 809.30	美兰区	16 707.88
三级地	7 686.80	低海拔侵蚀剥蚀低台地	1 898.68	水浇地	10.14	秀英区	0.00
四级地	8 600.46	低海拔熔岩二级台地	12 097.93			龙华区	0.00
五级地	16 677.09	低海拔海积一级台地	1 349.16				
六级地	16 892.14	低海拔冲积海积三角洲平原	2 023.57				
七级地	9 561.66	低海拔冲积海积平原	2 196.08				
八级地	2 928.03	低海拔海积低阶地	1 666.36				
九级地	455.92	低海拔海积平原	492.86				
十级地	1 570.49	低海拔海滩	896.99				
合计	65 675.94	合计	65 675.94	合计	65 675.94	合计	65 675.94

二、改良措施

（一）土壤改良利用技术

实行水旱轮作：实现水旱轮作，例如稻—菜、玉米—稻、稻—稻—菜等轮作方式。改善土壤通气状况，促进氧气进入土壤，氧化土壤中有害还原物质。

旱季晒垡，减少夏秋季淹水：秋收后及时翻耕晒垡，冬季保持田间干爽，便于改善土壤结构和通气状况，使厌氧条件下产生的有毒物质充分氧化，减少对下茬作物的危害，提高产量。砂性烂泥田还可掺入黏土、塘泥等改善调整土壤质地。

提倡底肥浅施：渍潜型低产田在春季泥温低，不利于根系向下生长，因此肥料尽量施于耕作层浅表层，一般犁田后将有机肥和复混肥料均匀撒施于田面，然后轻耕浅耙，让肥料与耕作层上部泥土混匀，这样有利于有机肥中的养分迅速分解和被快速吸收，促进作物早生快发。

（二）工程改造技术

渍潜型低产田高标准工程改造主要是建设排灌分离的沟渠，同时，配套建设田间机耕道路，加大农田水利建设力度。

排沟建设：排浸沟采用浆砌石或水泥砌块材料的不留排水孔，而采取最下排砌块不用砂浆直接干砌，留下砌缝渗水。农田中间有滂眼的，还可采取挖沟埋暗管连通排浸沟进行排水。

灌溉沟建设：田间灌溉沟一般采用小型矩形断面混凝土现浇，灌溉沟沟底要与田面保持平齐，以便灌溉水快速入田。灌溉沟与排浸沟可相邻建设，有利于节省耕地和沟渠稳定，提高建设质量。

第三节　障碍层次

障碍层次是指土体中存在的理化性质不良、妨碍植物生长的各种土层之统称。障碍层对植物生长所产生的障碍作用及其程度，因其出现层位及其物质组成而异。常见的障碍层有黏盘层、铁盘层、砂姜层、砂砾层、盐积层、石膏层、白土层、白浆层、灰化层、潜育层、冻土层等，其障碍特征各异。海口市耕地的障碍层次多指耕地土壤的潜育层及砾石层导致的耕性不良反应。

一、分布特征

全市障碍层次耕地总面积为50 044. 66亩。从耕地利用类型来看，水田障碍层次的面积大于旱地，面积为37 688. 62亩，占此类耕地总面积的75. 31%；从各区分布来看，障碍层次耕地面积最大的区为琼山区，面积为31 867. 76亩，占全市障碍层次耕地总面积的63. 68%；从地貌类型来看，障碍层次面积最大的是低海拔熔岩三级台地类耕地，为19 825. 71亩，占该类耕地的39. 62%，其次是低海拔侵蚀剥蚀低台地，面积为10 582. 45亩，占该类耕地总面积的21. 15%；从耕地质量等级来看，主要分布在八级地和九级地，面积分别为13 228. 20亩和9 372. 04亩，占比分别为26. 43%和18. 73%（表4-4）。

表4-4　海口市障碍层次耕地面积及分布

质量等级	面积（亩）	地貌类型	面积（亩）	地　类	面积（亩）	区　域	面积（亩）
一级地	0. 00	低海拔熔岩一级台地	5 273. 99	水　田	37 688. 62	琼山区	31 867. 76
二级地	7 313. 43	低海拔海积二级台地	252. 76	旱　地	12 150. 03	美兰区	1 845. 77
三级地	4 819. 22	低海拔熔岩二级台地	5 411. 82	水浇地	206. 01	秀英区	8 218. 49

（续表）

质量等级	面积(亩)	地貌类型	面积（亩）	地　类	面积（亩）	区　域	面积（亩）
四级地	1 139. 10	低海拔熔岩三级台地	19 825. 71			龙华区	8 112. 64
五级地	4 007. 90	侵蚀剥蚀低海拔熔岩低丘陵	4 613. 84				
六级地	859. 17	低海拔冲积洪积低台地	1 222. 29				
七级地	3 907. 07	低海拔侵蚀剥蚀低台地	10 582. 45				
八级地	13 228. 20	低海拔冲积河漫滩	70. 40				
九级地	9 372. 04	低海拔熔岩四级台地	1 200. 45				
十级地	5 398. 53	低海拔河流低阶地	779. 92				
		低海拔海积平原	811. 02				
合　计	50 044. 66	合　计	50 044. 66	合　计	50 044. 66	合　计	50 044. 66

二、改良措施

针对有障碍层次耕地的土壤，首先要弄清障碍层次类型，然后“对症下药”，这样才能事半功倍。海口市障碍层次主要是潜育化和砾石。

（一）针对潜育化的耕地主要改良措施

一是健全排灌体系，降低地下水位。

二是实行水旱轮作，调整种植结构。

三是改良土壤营养状况，采用测土配方施肥技术，营养作物提高适应环境能力。

（二）针对具有砾石层的耕地主要改良措施

一是增施有机肥，提高土壤有机质含量，增强土壤的保肥蓄水能力，防止水蚀而降低耕层厚度。

二是进行深耕、少耕、免耕、合理轮作等措施，加深土层厚度，改良土壤结构，种养结合。

第四节　瘠　薄

瘠薄是指土地缺少植物生长所需的养分与水分而不肥沃的情况。植物生长除了必需的水分、光照、温度，还需要大量的营养元素。因此瘠薄的耕地上种植的作物不可能有高产。但是，相对其他障碍因素来说，瘠薄是比较容易克服的障碍因素。海口市耕地的瘠薄多指耕地土壤的有机质含量过低，并且缺乏 2~5 种植物生长必需的营养元素。

一、分布特征

海口市瘠薄耕地总面积为21 656.38亩。从耕地利用类型来看，旱地瘠薄的面积大于水田，面积为16 019.78亩，占此类耕地总面积的73.97%；从各区分布来看，瘠薄耕地面积最大的区为琼山区，面积为15 348.71亩，占全市瘠薄耕地总面积的70.87%；从地貌类型来看，瘠薄面积最大的是低海拔熔岩三级台地类耕地，为12 443.15亩，占该类耕地的57.46%，其次是低海拔熔岩二级台地，面积为4 422.08亩，占该类耕地总面积的20.42%；从耕地质量等级来看，主要分布在七级地和十级地，面积分别为6 121.04亩和5 996.38亩，占比分别为28.26%和27.69%（表4-5）。

表 4-5　海口市瘠薄耕地面积及分布

质量等级	面积（亩）	地貌类型	面积（亩）	地　类	面积（亩）	区　域	面积（亩）
一级地	0.00	低海拔海积二级台地	215.81	水　田	5 633.05	琼山区	15 348.71
二级地	0.00	低海拔熔岩一级台地	351.04	旱　地	16 019.78	美兰区	2 608.82
三级地	231.68	低海拔熔岩三级台地	12 443.15	水浇地	3.55	秀英区	1 171.75
四级地	761.51	低海拔冲积海积三角洲平原	1 154.56			龙华区	2 527.09
五级地	1 581.78	低海拔冲积平原	66.42				

（续表）

质量等级	面积（亩）	地貌类型	面积（亩）	地　类	面积（亩）	区　域	面积（亩）
六级地	2 766.77	低海拔侵蚀剥蚀低台地	79.91				
七级地	6 121.04	低海拔熔岩二级台地	4 422.08				
八级地	427.51	低海拔冲积河漫滩	1 079.16				
九级地	3 769.98	低海拔熔岩四级台地	523.25				
十级地	5 996.09	低海拔河流低阶地	20.85				
		低海拔海积平原	582.18				
		低海拔海积低阶地	574.23				
		低海拔海滩	122.14				
		侵蚀剥蚀低海拔熔岩低丘陵	21.60				
合　计	21 656.38	合　计	21 656.38	合　计	21 656.38	合　计	21 656.38

二、改良措施

针对瘠薄耕地的土壤，首先要弄清瘠薄类型，然后“对症下药”，这样才能事半功倍。海口市土壤瘠薄主要是因为有机质含量太低和部分中微量元素缺乏。针对土壤有机质含量过低的耕地重施有机肥料，施入的有机肥料易于形成腐殖质，从而促进团粒结构的形成，改善土壤结构和可耕性能；针对缺乏中微量元素的耕地，应开展测土营养诊断，查明所缺元素种类，有针对性地补充或者施用中微量元素肥料，解决因缺乏中微量元素而造成的农业产业发展瓶颈问题。

第五节　盐渍化

盐渍化的耕地主要是耕地受到海水倒灌、高硬度水灌溉或蒸发量远大于降水量地区，或者化肥超量使用地区，土壤底层或地下水的盐分随毛管水上升到地表，水分蒸发后，使盐分积累在表层土壤中的过程。盐渍化耕地在海南沿海地区较为常见。

一、分布特征

海口市盐渍化耕地总面积为13 826.05亩。从耕地利用类型来看，水田盐渍化的面积大于旱地，面积分别为12 127.50亩和1 662.60亩；从各区分布来看，盐渍化耕地面积最大的区为秀英区，面积为12 590.37亩，约占全市盐渍化耕地总面积的91.06%，其次是美兰区，占盐渍化耕地总面积的8.94%；从地貌类型来看，盐渍化面积最大的是低海拔泻湖洼地类耕地，约为6 438.00亩，占该类耕地的46.56%；从耕地质量等级来看，主要分布在四级地和六级地，面积分别为6 266.80亩和4 857.78亩，占比分别为45.33%和35.13%（表4-6）。

表4-6　海口市盐渍化耕地面积及分布

质量等级	面积（亩）	地貌类型	面积（亩）	地　类	面积（亩）	区　域	面积（亩）
一级地	0.00	低海拔冲积海积三角洲平原	54.89	水　田	12 127.50	琼山区	0.00
二级地	103.91	低海拔海积低阶地	47.24	旱　地	1 662.60	美兰区	1 235.68
三级地	150.16	低海拔泻湖洼地	6 438.00	水浇地	35.95	秀英区	12 590.37
四级地	6 266.80	低海拔海滩	1 509.83			龙华区	0.00
五级地	2 072.28	低海拔熔岩二级台地	3 802.95				
六级地	4 857.78	低海拔熔岩一级台地	1 973.14				
七级地	327.88						
八级地	47.24						
九级地	0.00						
十级地	0.00						
合　计	13 826.05	合　计	13 826.05	合　计	13 826.05	合　计	13 826.05

二、改良措施

对于盐渍化的耕地，主要从以下几个方面对其进行改良。

（一）水旱轮作相结合

因为种稻的田间要经常保持水层，这样就能使土壤中的盐分不断遭到淋洗，随着种稻年限的延长，土壤脱盐程度不断增加，据测定，种植水稻两年以后，耕层中的盐分可降低36%以上。

（二）因地制宜种植耐盐作物

在盐碱地上种植作物，要根据作物对盐碱、旱、涝的适应能力，因地制宜种植冰菜等耐盐性较强的作物，充分发挥农业增产潜力。

（三）增施有机肥

有机肥能增加土壤的腐殖质，有利于团粒结构的形成，改良盐碱地的通气、透水和养分状况，有机质分解后产生的有机酸还能中和土壤的碱性。

（四）深翻深松

使表土水分蒸发一致，下渗均匀，便于控制灌溉定额，保证灌溉质量。对盐渍化深耕深松，加深耕层，能加速淋盐，防止返盐，增强保墒抗旱能力，改良土壤的养分状况。深耕应注意不要把暗盐翻到地表。

主要参考文献

曹丽英，孙学生，赵月玲，等，2011. 一种基于决策树算法的耕地地力等级评价［J］. 东北林业大学学报，39（2）：93-96.

崔增团，郭世乾，2012. 基于GIS的河西走廊灌溉农业区耕地地力评价研究——以甘肃省肃州区耕地地力评价为例［J］. 中国农业资源与区划，33（1）：56-61.

董光龙，赵轩，刘金花，等，2020. 基于耕地质量评价与空间集聚特征的基本农田划定研究［J］. 农业机械学报，51（2）：133-142.

杜婉婷，李淑杰，曹竞文，等，2018. 多尺度下的珲春市耕地质量空间自相关分析［J］. 东北师大学报（自然科学版），50（4）：134-141.

冯耀祖，耿庆龙，陈署晃，等，2011. 基于GIS的县级耕地地力评价及土壤障碍因素分析［J］. 新疆农业科学，48（12）：2281-2286.

侯伟，张树文，李晓燕，等，2005. 黑土区耕地地力综合评价研究［J］. 农业系统科学与综合研究（1）：43-46.

黄俊生，侯宪文，2014. 关于保护海南耕地质量和现代农业建设的思考［J］. 中国发展，14（1）：77-80.

黄勤，马中文，方黎，等，2012. 阜南县耕地地力评价与中低产田改良［J］. 中国农学通报，28（9）：91-96.

黄治北，2019. 高标准农田建设的耕地质量等别评定研究——以2017年度宜黄县高标准农田建设项目为例［J］. 江西农业（2）：49-50.

李茂芬，秦小立，李玉萍，等，2016. 基于 WebGIS 的海南耕地质量改良信息共享平台的设计［J］. 热带农业工程，40（Z1）：59-62.

李涛，2003. 山东省耕地类型区划分及地力评价研究［J］. 山东农业大学学报（自然科学版）（2）：119-125.

林碧珊，汤建东，张满红，2005. 广东省耕地地力等级研究与评价［J］. 生态环境（1）：145-149.

刘嘉慧，单阿丽，吴克宁，等，2019. 基于土壤图的农用地分等因素解译与校核［J］. 土壤通报，50（4）：776-785.

芦艳艳，邹金浪，宋鹏伟，2019. 基于耕地质量等别年度更新评价的河南省耕地产能及其实现程度变化分析［J］. 地域研究与开发，38（6）：131-135.

陆瑶，2020. 浅析中国耕地占补平衡对策［J］. 农村经济与科技，31（15）：28-29.

马培云，王帅，李洪兴，等，2012. 基于洛伦茨曲线和基尼系数的耕地质量空间差异程度分析——以忠县耕地地力评价结果为例［J］. 西南师范大学学报（自然科学版），37（1）：60-66.

乔金亮，2020. 全面遏制耕地非农化［N］. 经济日报，2020-07-30（003）.

乔亮，王丹，高明，等，2015. 三峡库区农村宅基地复垦耕地地力评价——以重庆市涪陵区为例［J］. 中国生态农业学报，23（3）：365-372.

任东风，齐欢，赵俊宇，2019. 基于 GIS 的阜蒙县耕地质量等别评价［J］. 测绘与空间地理信息，42（7）：22-26.

沙海辉，邹盛联，叶志伟，2020. 当前南方耕地土壤存在的主要问题探讨［J］. 农业开发与装备（9）：105-106.

宋聚，罗志军，赵越，等，2019. 基于耕地综合质量及聚类关系的耕地保护分区［J］. 西南农业学报，32（10）：2390-2397.

孙肖钰，2018. 咸阳市耕地质量评价［J］. 西部大开发（土地开发工程研究），3（12）：1-6，28.

汤建东，2009. 广东省耕地地力评价指标的选取与优化［J］. 广东农业科学（4）：89-91.

王文斌，2018. 海南省大田洋耕地土壤质量评价及应用［D］. 海口：中国热带农业科学院.

王志鹏，2020. 耕地质量等别评价系统的开发与研究［J］. 测绘与空间地理信息，43（9）：124-125，130.

吴冠华，吴克宁，于兵，等，2019. 土地整治项目区耕地质量评价方法比较研究——以德惠市为例［J］. 土壤通报，50（4）：786-793.

吴豪翔，蒋玉根，张鉴滔，等，2011. 县级农田地力分等定级评价与施肥综合管理［J］. 农业工程学报，27（12）：307-312，440.

吴鹏飞，孙先明，龚素华，等，2011. 耕地地力评价可持续研究发展方向探讨［J］. 土壤，43（6）：876-882.

闫一凡，刘建立，张佳宝，2014. 耕地地力评价方法及模型分析［J］. 农业工程学报，30（5）：204-210.

杨黎敏，李晓燕，任永星，等，2019. 基于最小数据集的长春市耕地土壤质量评价［J］. 江苏农业科学，47（20）：305-310.

杨柳英，赵翠薇，李朝仙，等，2018. 基于山地村域耕地质量评价的退耕还林效益研究——以贵州省凯里市大田村为例［J］. 湖南师范大学自然科学学报（6）：1-8.

杨淇钧，吴克宁，冯喆，等，2020. 大空间尺度土壤质量评价研究进展与启示［J］. 土壤学报，57（3）：565-578.

姚东恒，2020. 东北典型黑土区耕地质量时空变化研究［D］. 沈阳：沈阳农业大学.

姚东恒，裴久渤，汪景宽，2020. 东北典型黑土区耕地质量时空变化研究［J］. 中国生态农业学报（中英文），28（1）：104-114.

张冬明，卓奂福，谭丽霞，等，2014. 海南省琼中县耕地地力评价研究［J］. 中国土壤与肥料（1）：11-14，41.

朱瑕，张立亭，靳焕焕，2020. 基于因素法和 SVM 模型的耕地质量评价方法研究［J］. 土壤通报，51（3）：561-567.

附录 I　土壤分类对照表

土壤分类对照表

海口市第二次土壤普查分类			国家土壤分类		
土类	亚类	土属	土类	亚类	土属
水稻土	漂洗型水稻土	白鳝泥田	水稻土	漂洗型水稻土	漂鳝泥田
风沙土	滨海风沙土	半固定沙土	风沙土	滨海风沙土	滨海半风沙土
滨海盐土	滨海潮滩盐土	滨海潮滩盐土	滨海盐土	滨海潮滩盐土	涂砂盐土
滨海盐土	滨海盐土	滨海盐土	滨海盐土	典型滨海盐土	滨海砂盐土
新积土	冲积土	菜土	新积土	冲积土	冲积壤土
水稻土	潴育型水稻土	潮沙泥田	水稻土	潴育水稻土	潮沙泥田
水稻土	潴育型水稻土	赤土田	水稻土	潴育水稻土	红泥田
新积土	冲积土	冲积土	新积土	冲积土	冲积砂土
水稻土	脱潜型水稻土	低青泥田	水稻土	脱潜水稻土	黄斑黏田
风沙土	滨海风沙土	固定沙土	风沙土	滨海风沙土	滨海固定风沙土
水稻土	潴育型水稻土	河砂泥田	水稻土	潴育水稻土	潮泥田
水稻土	潴育型水稻土	洪积黄泥田	水稻土	潴育水稻土	潮砂泥田
水稻土	潴育型水稻土	花岗岩褐色赤土田	水稻土	潴育水稻土	麻砂泥田
砖红壤	褐色砖红壤	花岗岩褐色砖红壤	砖红壤	典型砖红壤	麻砂质砖红壤
砖红壤	黄色砖红壤	花岗岩黄色砖红壤	砖红壤	黄色砖红壤	麻砂质黄色砖红壤
石质土	酸性石质土	花岗岩石质土	石质土	酸性石质土	麻砂质酸性石质土
砖红壤	砖红壤	花岗岩砖红壤	砖红壤	典型砖红壤	麻砂质砖红壤

（续表）

海口市第二次土壤普查分类			国家土壤分类		
土类	亚类	土属	土类	亚类	土属
火山灰土	基性岩火山灰土	基性火山灰土	火山灰土	基性岩火山灰土	基性岩火山泥土
水稻土	渗育型水稻土	浅海沉积物赤土田	水稻土	渗育型水稻土	渗涂泥田
砖红壤	黄色砖红壤	浅海沉积物黄色砖红壤	砖红壤	黄色砖红壤	涂砂质黄色砖红壤
砖红壤	砖红壤	浅海沉积物砖红壤	砖红壤	典型砖红壤	涂砂质砖红壤
水稻土	淹育型水稻土	浅脚炭质黑泥田	水稻土	漂洗水稻土	浅涂泥田
水稻土	渗育型水稻土	浅燥红土田	水稻土	渗育型水稻土	渗涂泥田
水稻土	潜育型水稻土	青泥格田	水稻土	潜育水稻土	青暗泥田
水稻土	漂洗型水稻土	砂漏田	水稻土	淹育水稻土	浅涂泥田
砖红壤	褐色砖红壤	砂页岩褐色砖红壤	砖红壤	典型砖红壤	砂泥质砖红壤
赤红壤	黄色赤红壤	砂页岩黄色赤红壤	赤红壤	黄色赤红壤	砂泥质黄色赤红壤
砖红壤	砖红壤	砂页岩砖红壤	砖红壤	典型砖红壤	砂泥质砖红壤
水稻土	淹育型水稻土	生泥田	水稻土	淹育水稻土	浅涂泥田
水稻土	淹育型水稻土	生泥田	水稻土	淹育水稻土	浅麻砂泥田
水稻土	淹育型水稻土	生泥田	水稻土	淹育水稻土	浅砂泥田
水稻土	淹育型水稻土	生泥田	水稻土	淹育水稻土	浅潮砂泥田
紫色土	酸性紫色土	酸性紫色土	紫色土	酸性紫色土	酸紫壤土
水稻土	盐渍型水稻土	咸田	水稻土	盐渍水稻土	氧化物涂砂田
砖红壤	黄色砖红壤	玄武岩黄色砖红壤	砖红壤	黄色砖红壤	暗泥质黄色砖红壤
砖红壤	砖红壤	玄武岩砖红壤	砖红壤	典型砖红壤	暗泥质砖红壤
石质土	中性石质土	中性石质土	石质土	中性石质土	泥质中性石质土

附录Ⅱ　海口市耕地地力评价专题图件

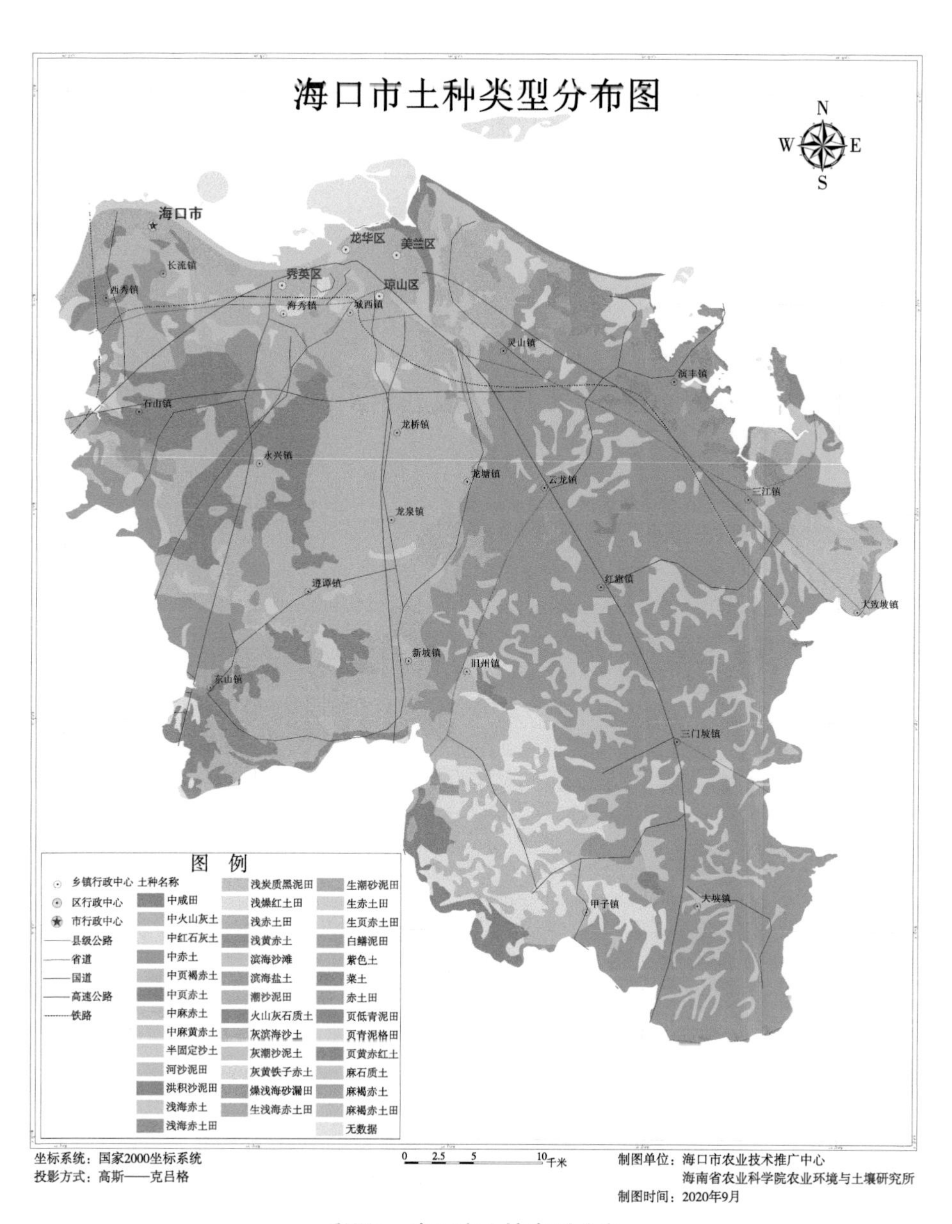

海口市土种类型分布图
N
W
E
S
海口市
龙华区
美兰区
秀英区
琼山区
长流镇
西秀镇
海秀镇
城西镇
灵山镇
演丰镇
石山镇
龙桥镇
永兴镇
龙塘镇
云龙镇
三江镇
龙泉镇
红旗镇
遵谭镇
大致坡镇
新坡镇
旧州镇
东山镇
三门坡镇
甲子镇
大坡镇
图　例
乡镇行政中心
区行政中心
市行政中心
县级公路
省道
国道
高速公路
铁路
土种名称
中咸田
中火山灰土
中红石灰土
中赤土
中页褐赤土
中页赤土
中麻赤土
中麻黄赤土
半固定沙土
河沙泥田
洪积沙泥田
浅海赤土
浅海赤土田
浅炭质黑泥田
浅燥红土田
浅赤土田
浅黄赤土
滨海沙滩
滨海盐土
潮沙泥田
火山灰石质土
灰滨海沙土
灰潮沙泥土
灰黄铁子赤土
燥浅海砂漏田
生浅海赤土田
生潮砂泥田
生赤土田
生页赤土田
白鳝泥田
紫色土
菜土
赤土田
页低青泥田
页青泥格田
页黄赤红土
麻石质土
麻褐赤土
麻褐赤土田
无数据
坐标系统：国家2000坐标系统
投影方式：高斯——克吕格
0 2.5 5 10千米
制图单位：海口市农业技术推广中心
海南省农业科学院农业环境与土壤研究所
制图时间：2020年9月

彩图1　海口市土壤类型分布

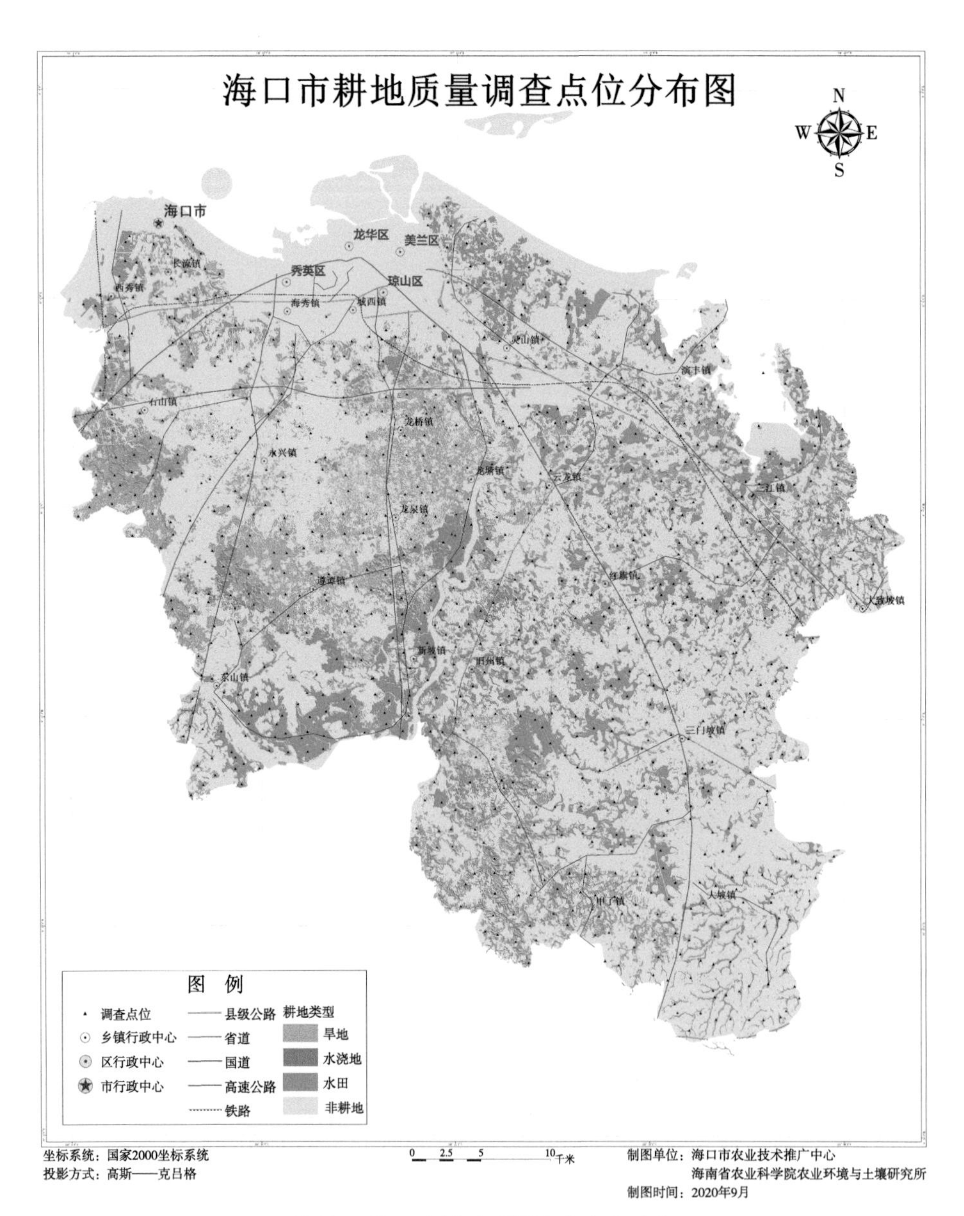

彩图2　海口市耕地质量调查点位分布

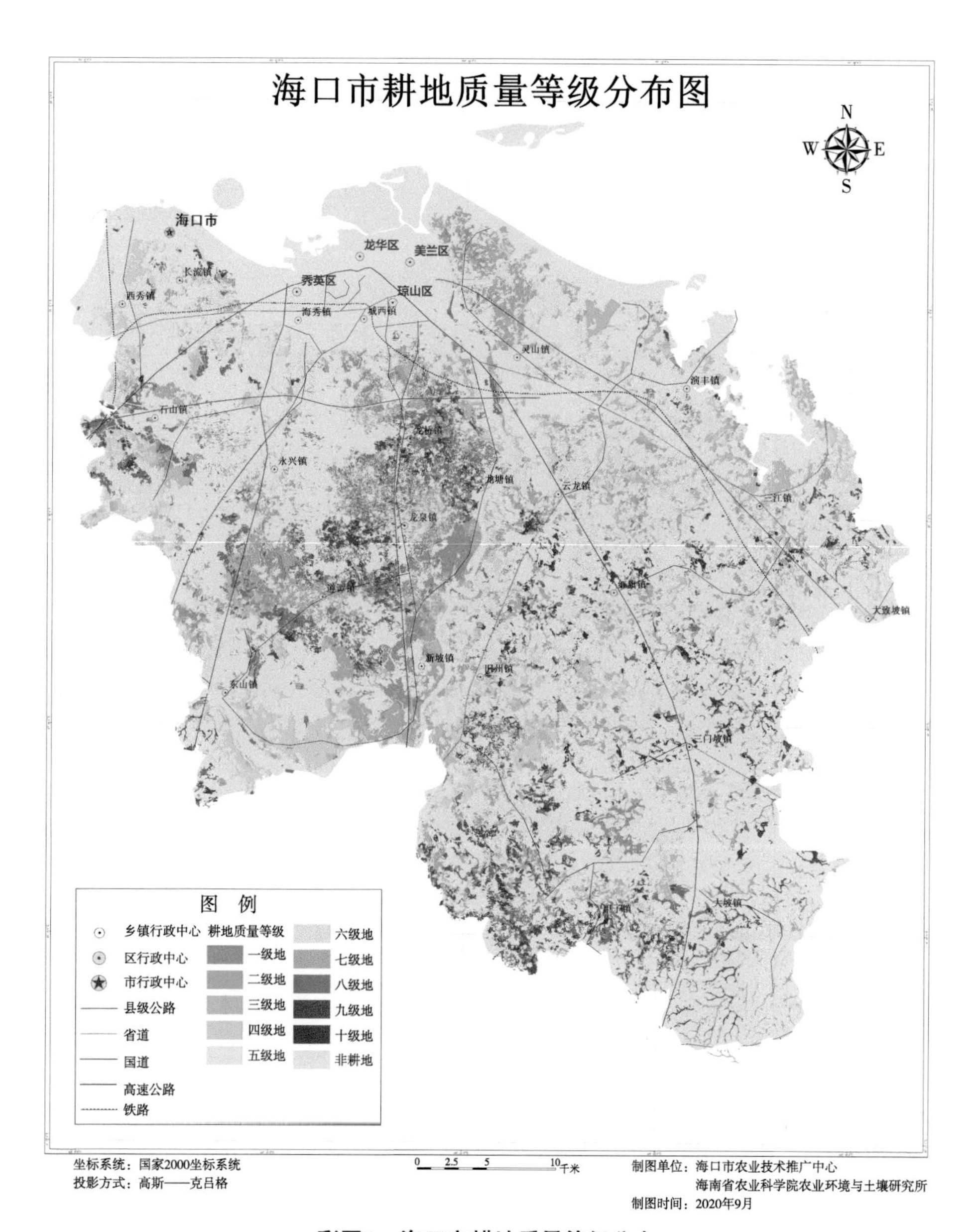

彩图3　海口市耕地质量等级分布

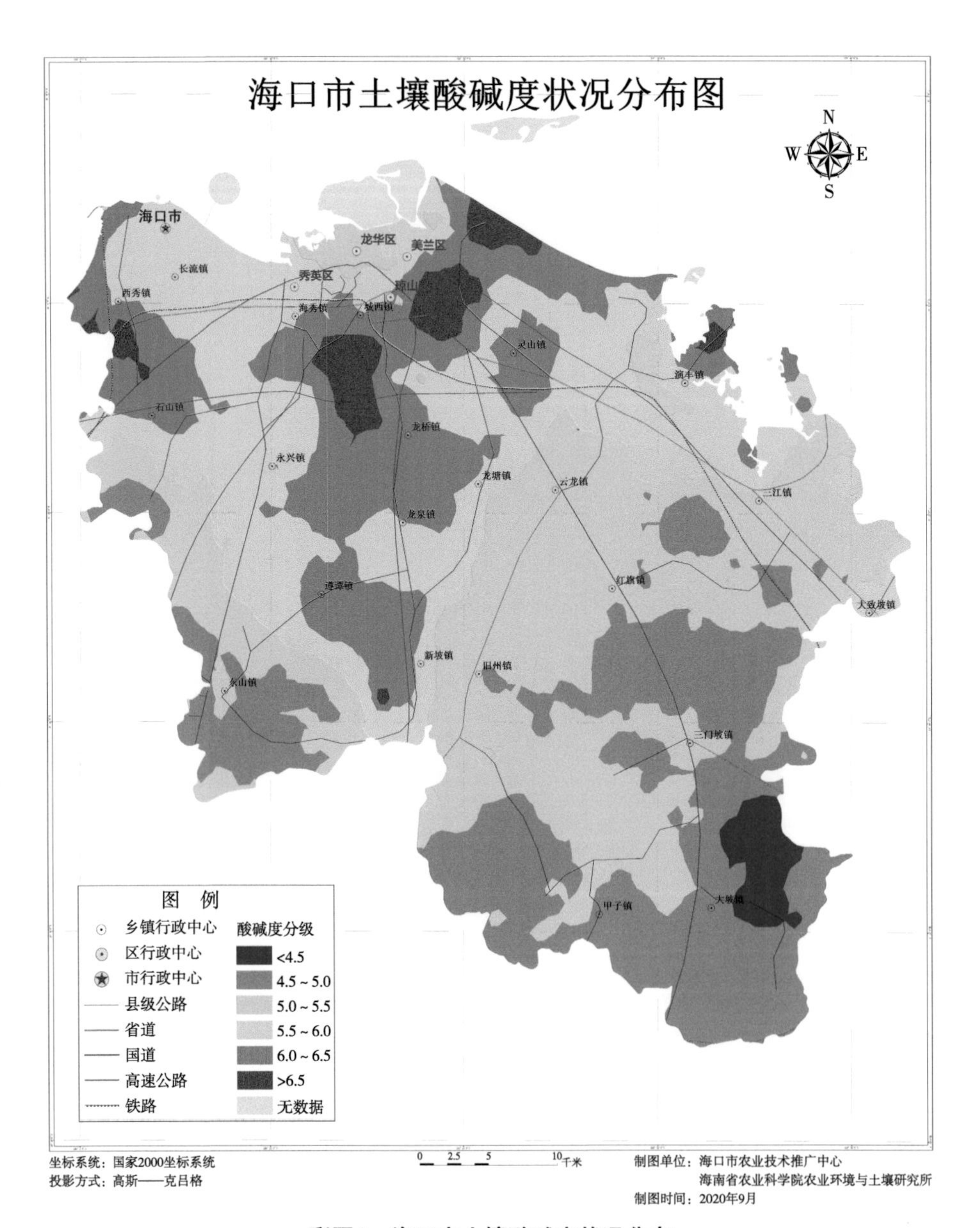

彩图4　海口市土壤酸碱度状况分布

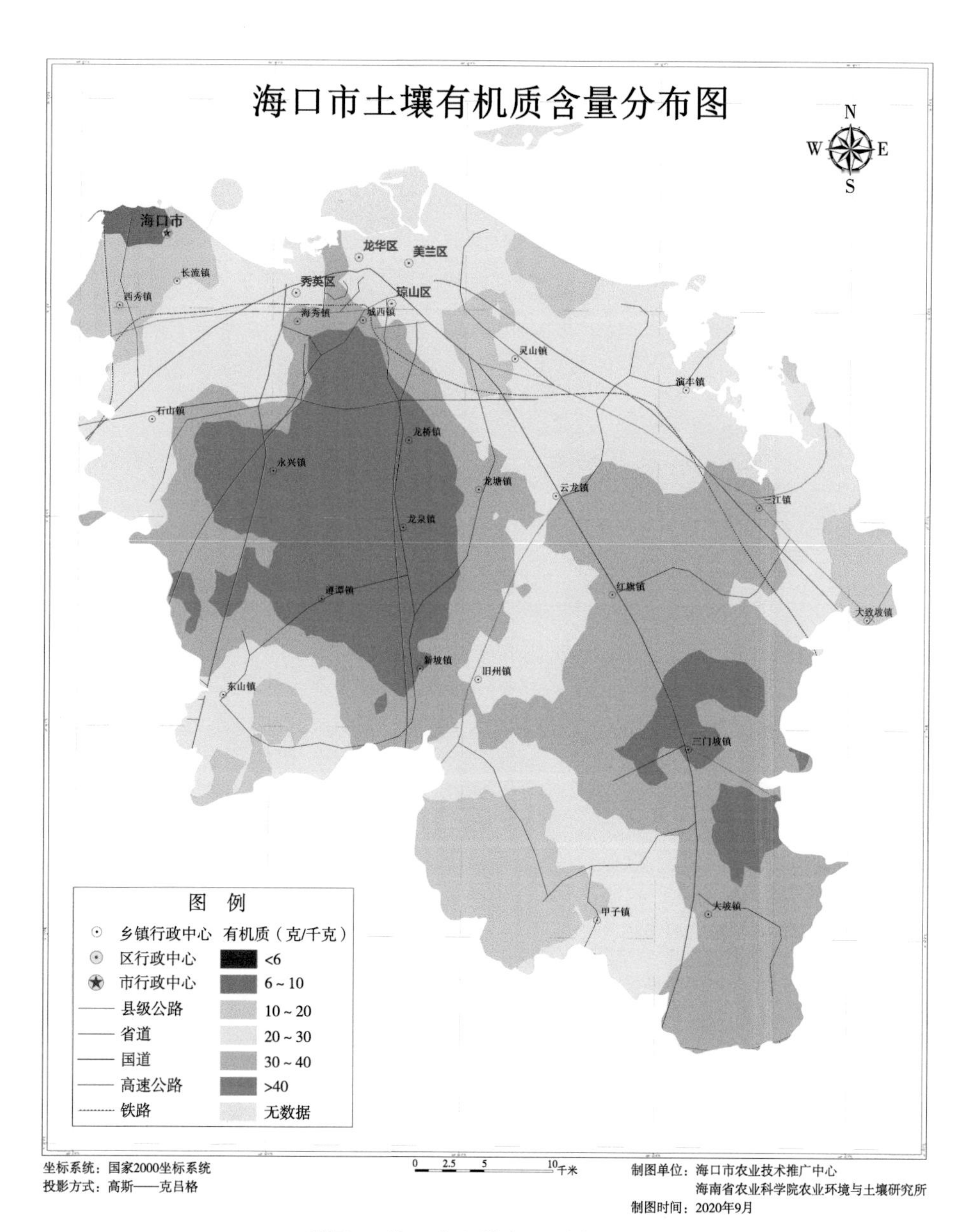

彩图5　海口市土壤有机质含量分布

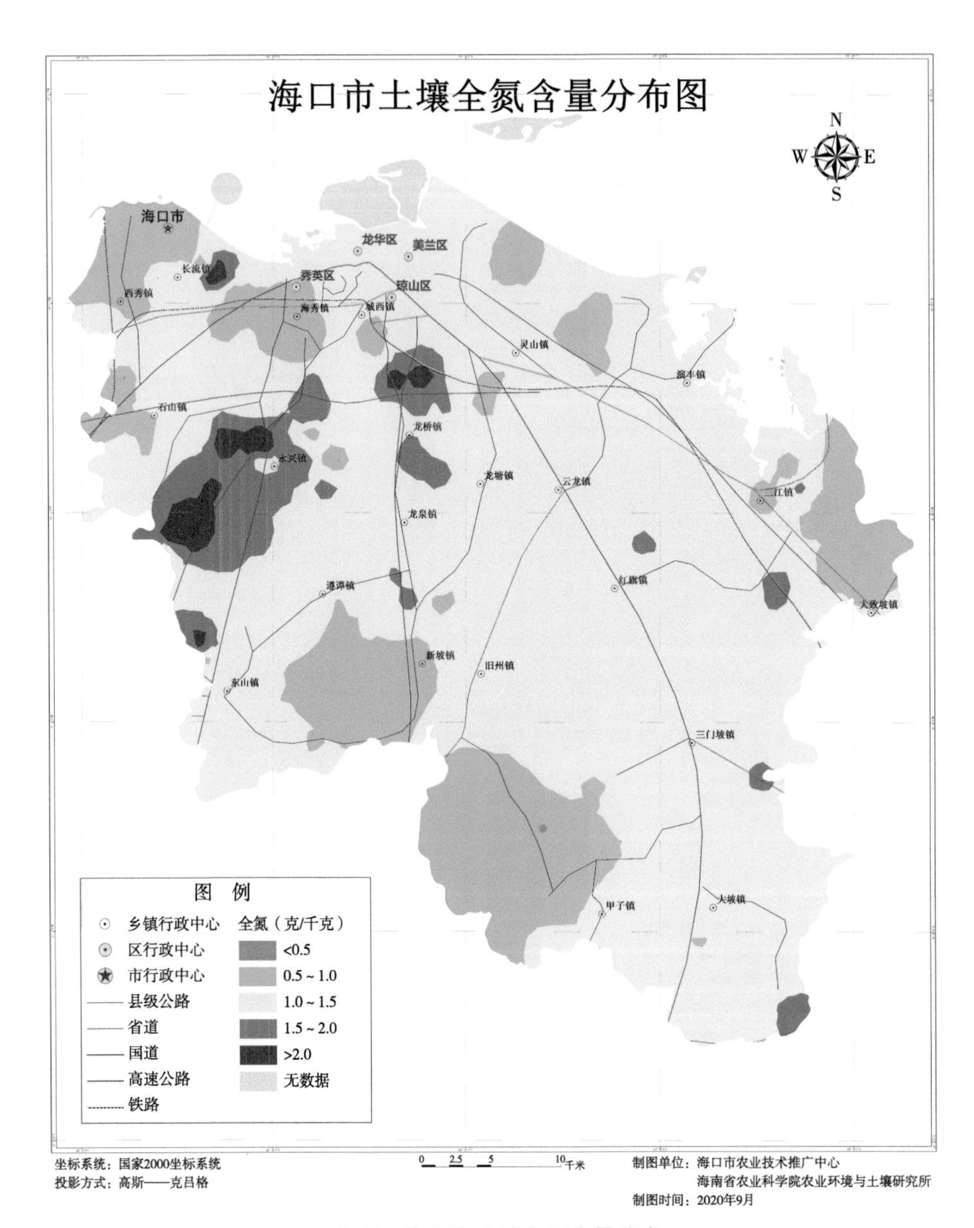

彩图6　海口市土壤全氮含量分布

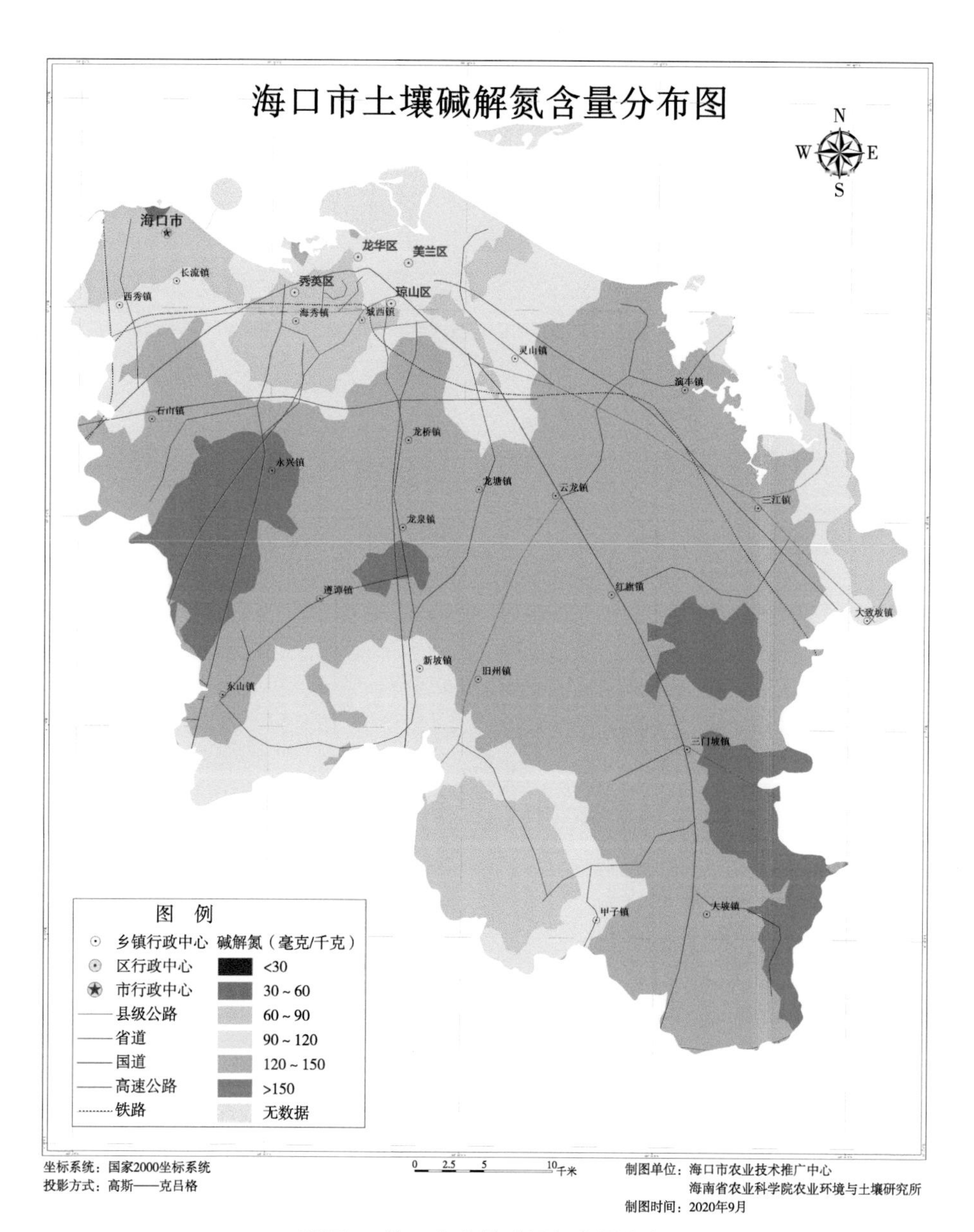

彩图7　海口市土壤碱解氮含量分布

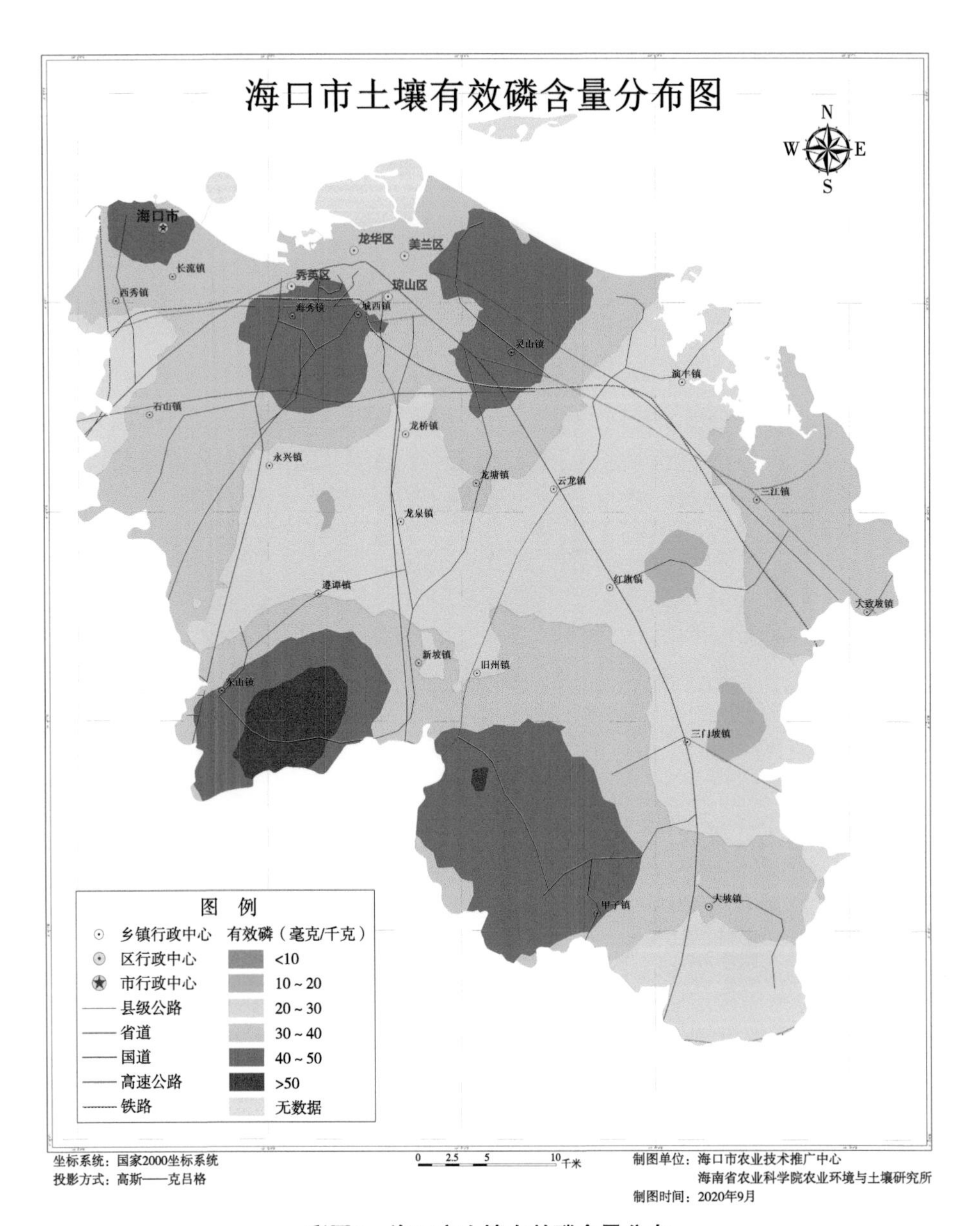

彩图8　海口市土壤有效磷含量分布

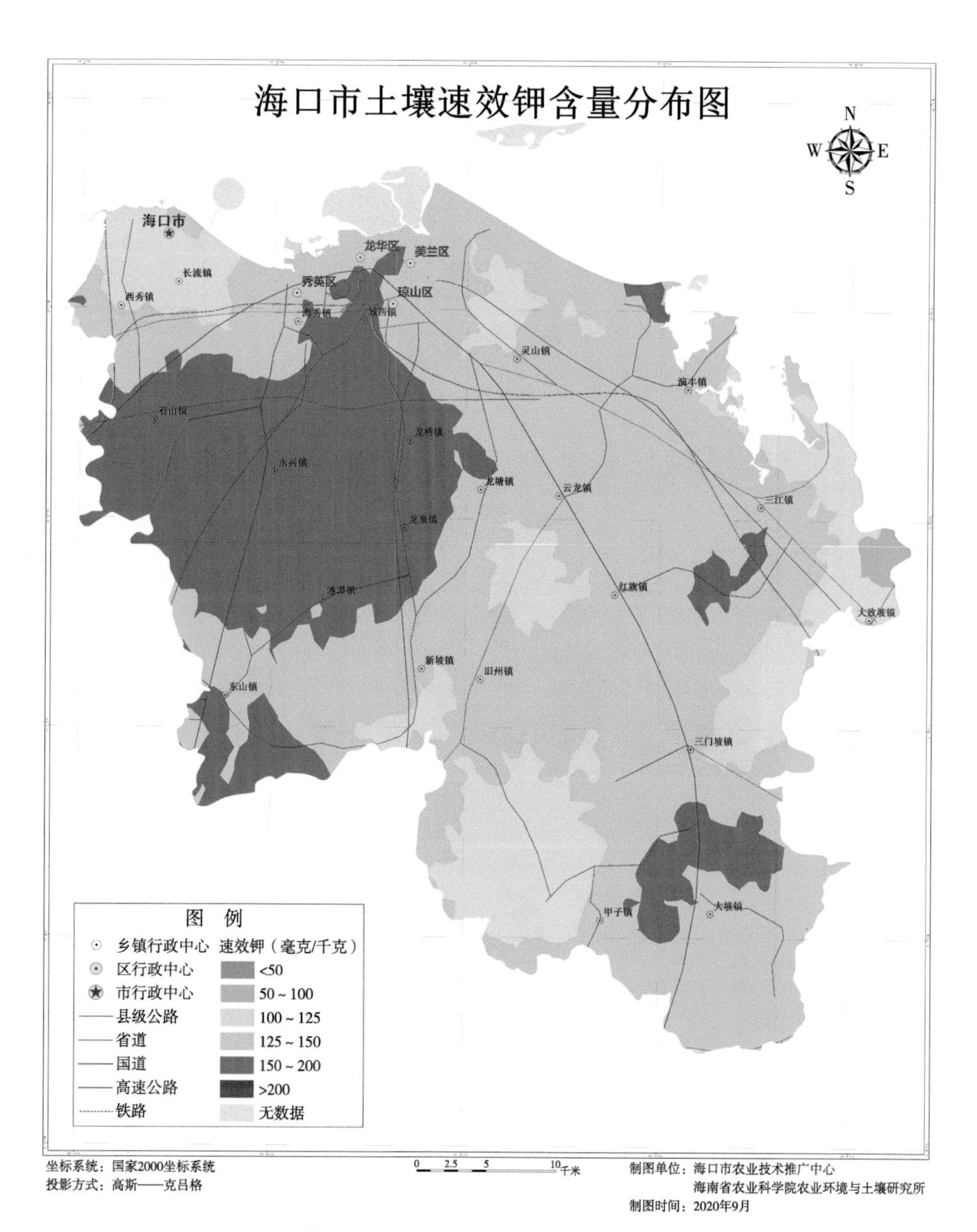

彩图9　海口市土壤速效钾含量分布

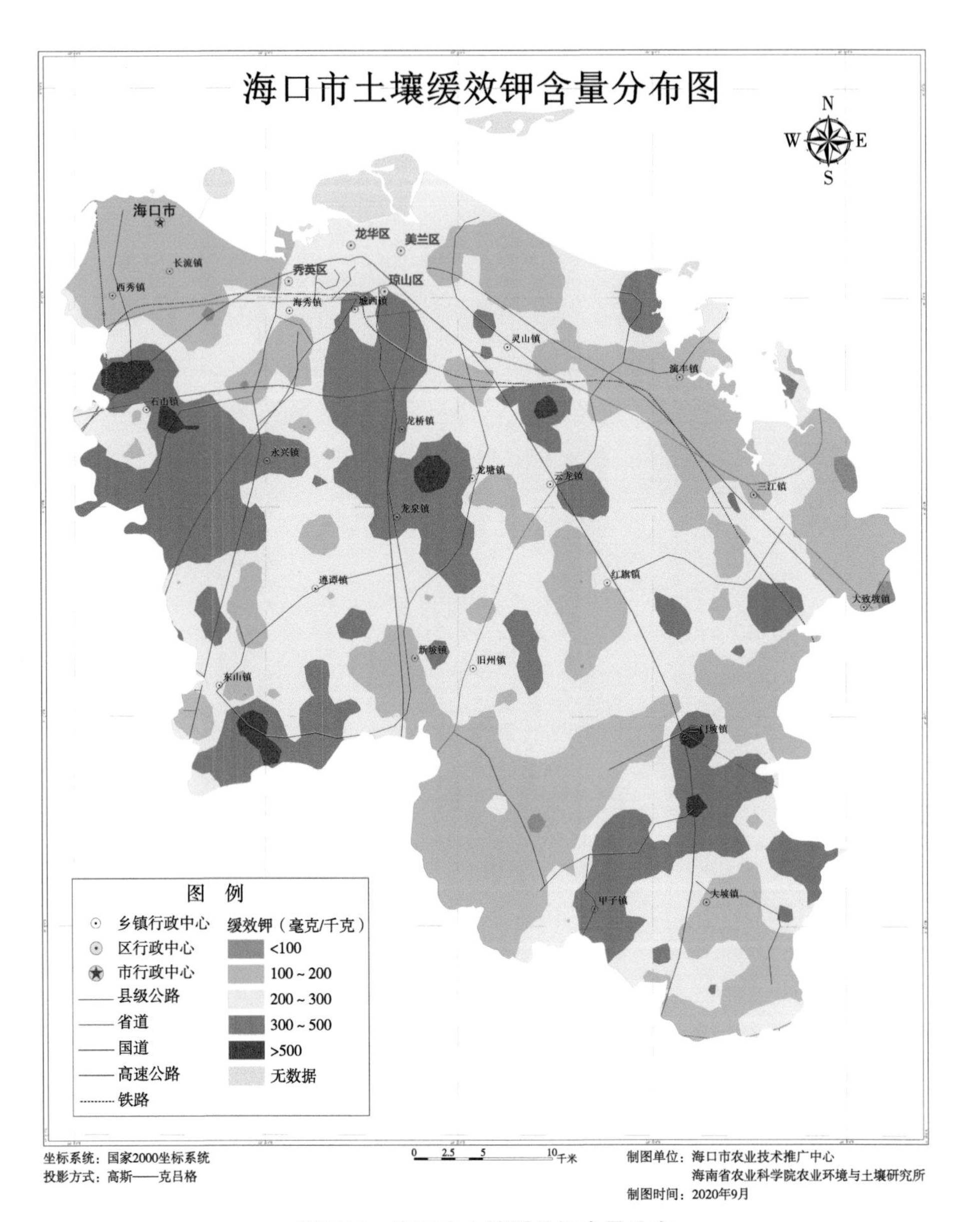

彩图10 海口市土壤缓效钾含量分布

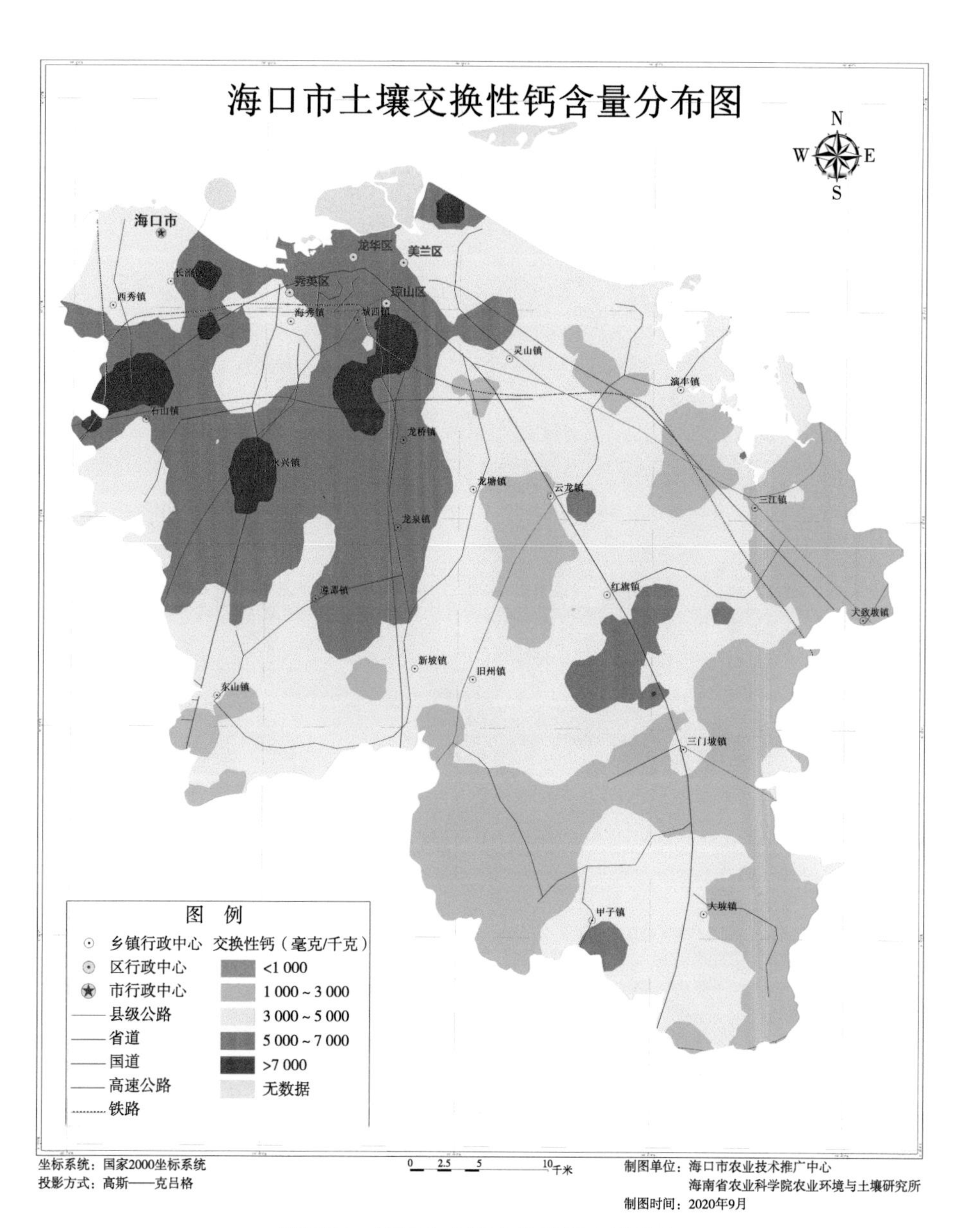

彩图11　海口市土壤交换性钙含量分布

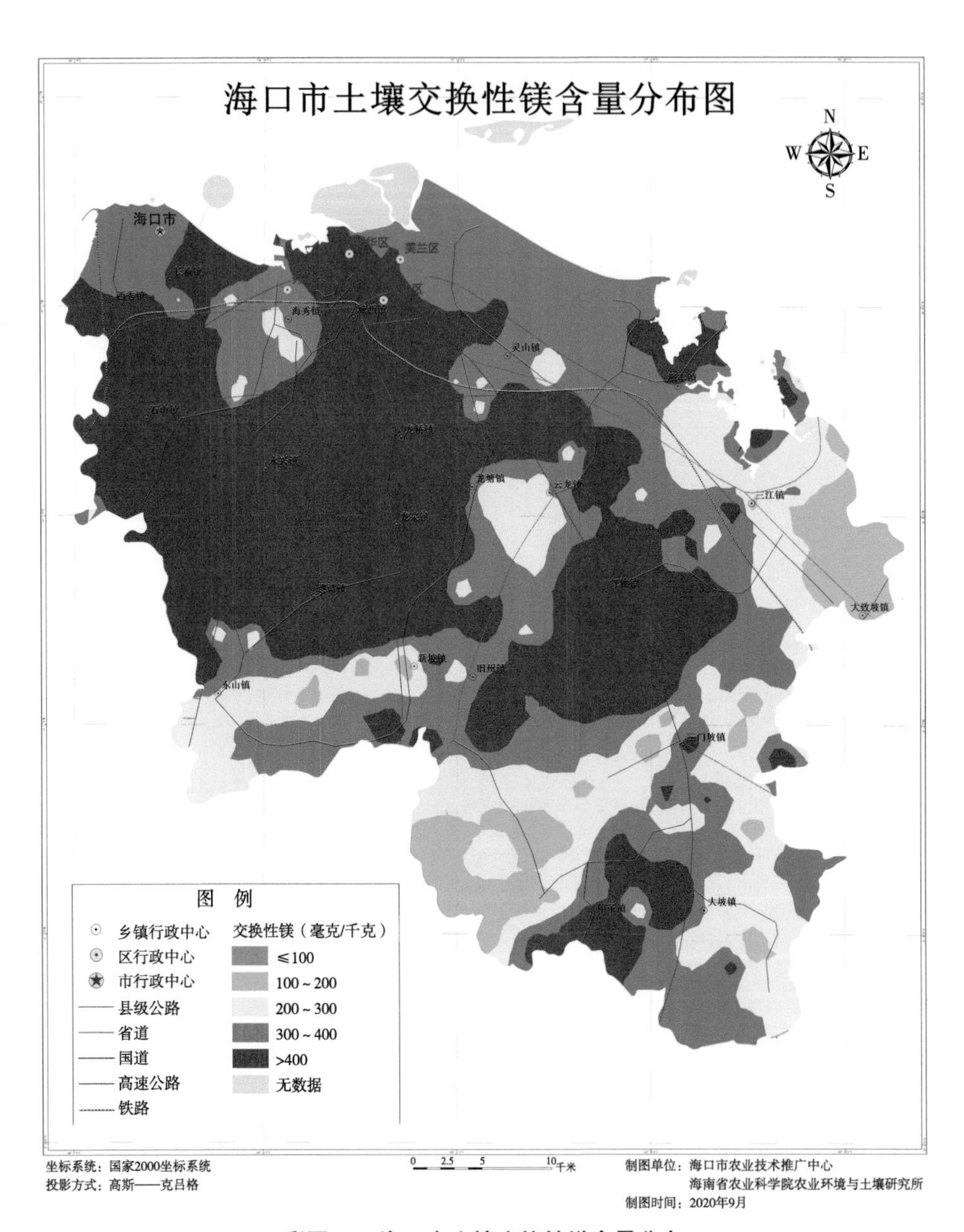

海口市土壤交换性镁含量分布图
N
W
E
S
海口市
美兰区
灵山镇
龙塘镇
三江镇
大致坡镇
新坡镇
旧州镇
东山镇
三门坡镇
甲子镇
大坡镇
图 例
乡镇行政中心
区行政中心
市行政中心
县级公路
省道
国道
高速公路
铁路
交换性镁（毫克/千克）
≤100
100～200
200～300
300～400
>400
无数据
坐标系统：国家2000坐标系统
投影方式：高斯——克吕格
0 2.5 5 10 千米
制图单位：海口市农业技术推广中心
海南省农业科学院农业环境与土壤研究所
制图时间：2020年9月

彩图12　海口市土壤交换性镁含量分布

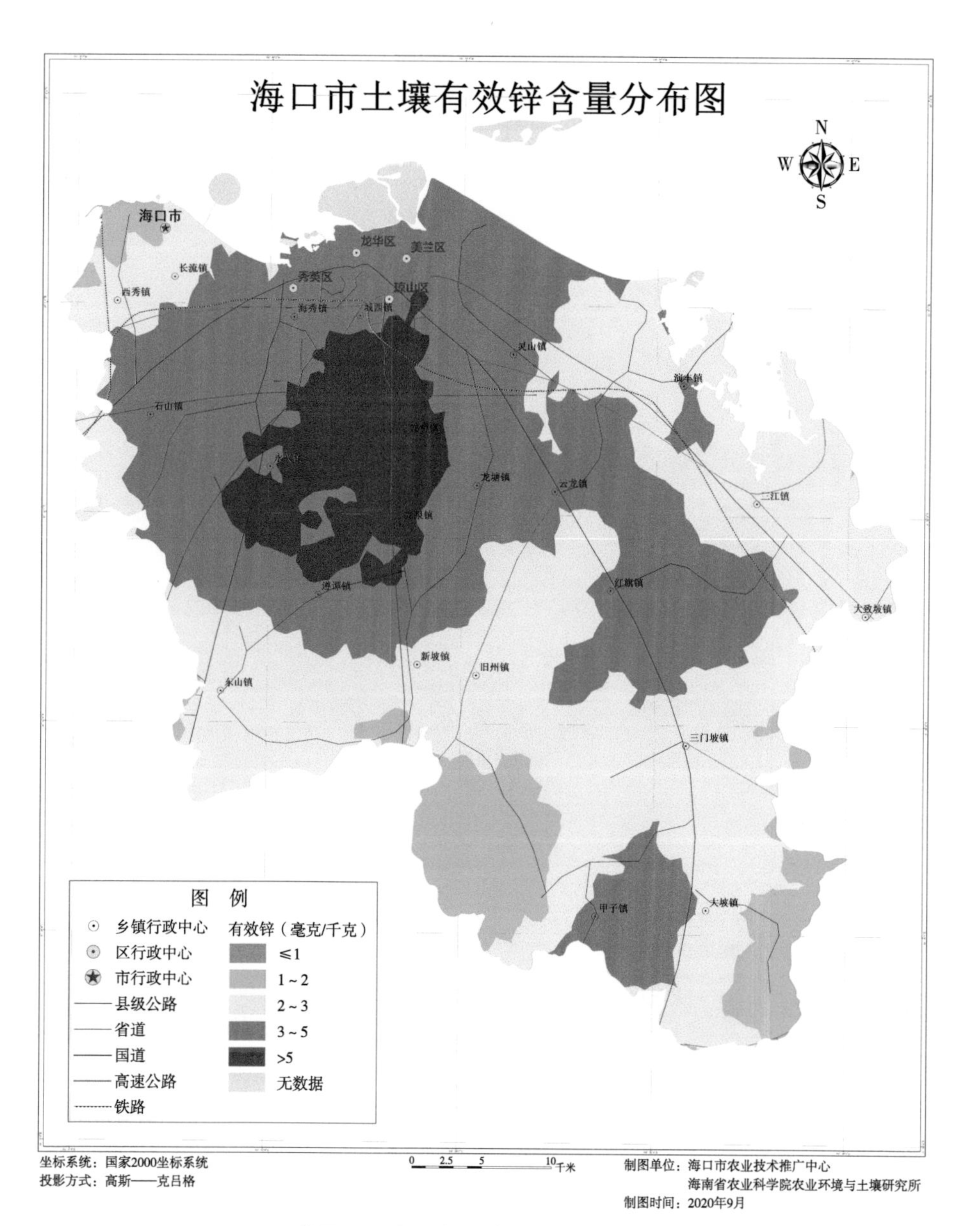

彩图13　海口市土壤有效锌含量分布

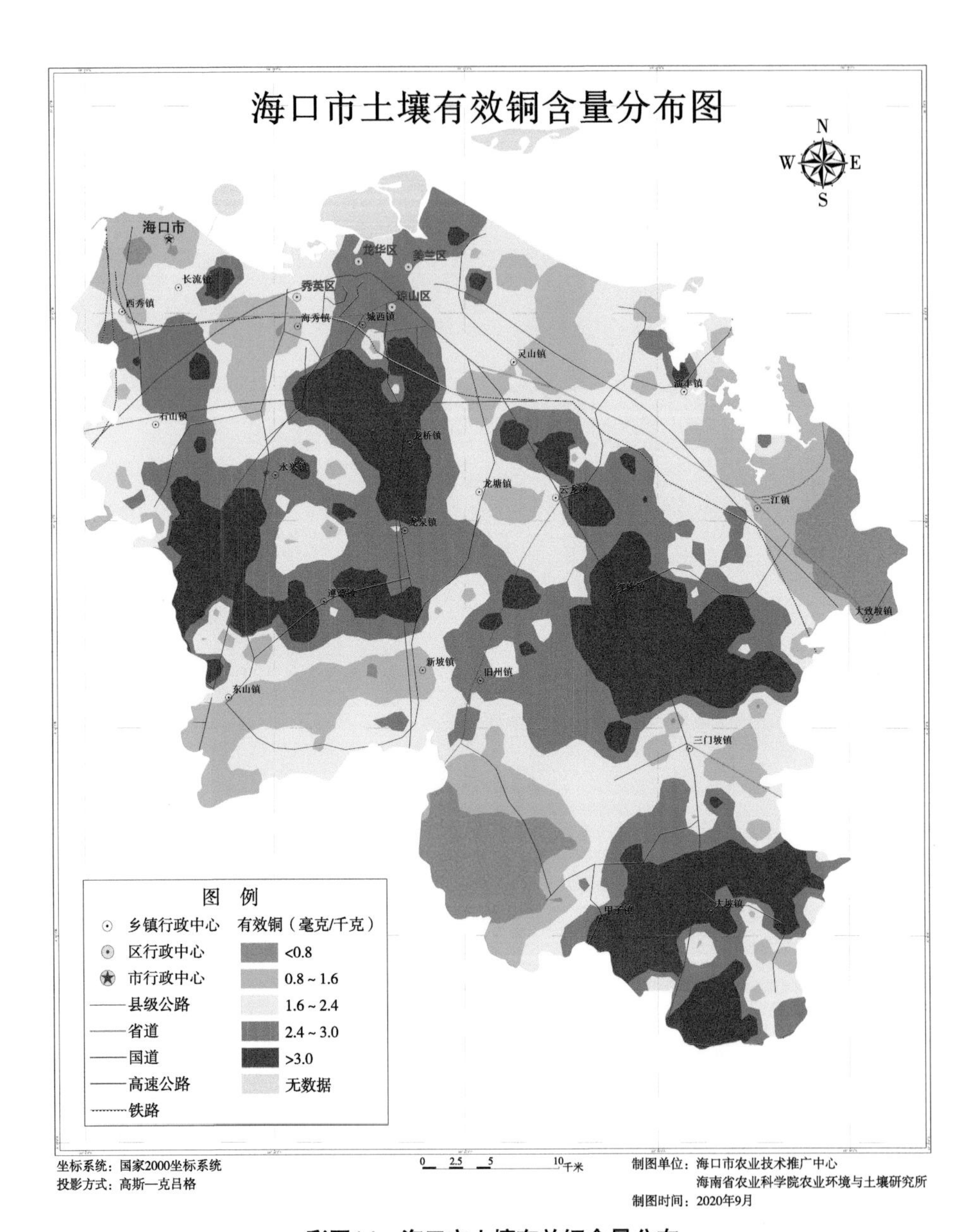

彩图14 海口市土壤有效铜含量分布

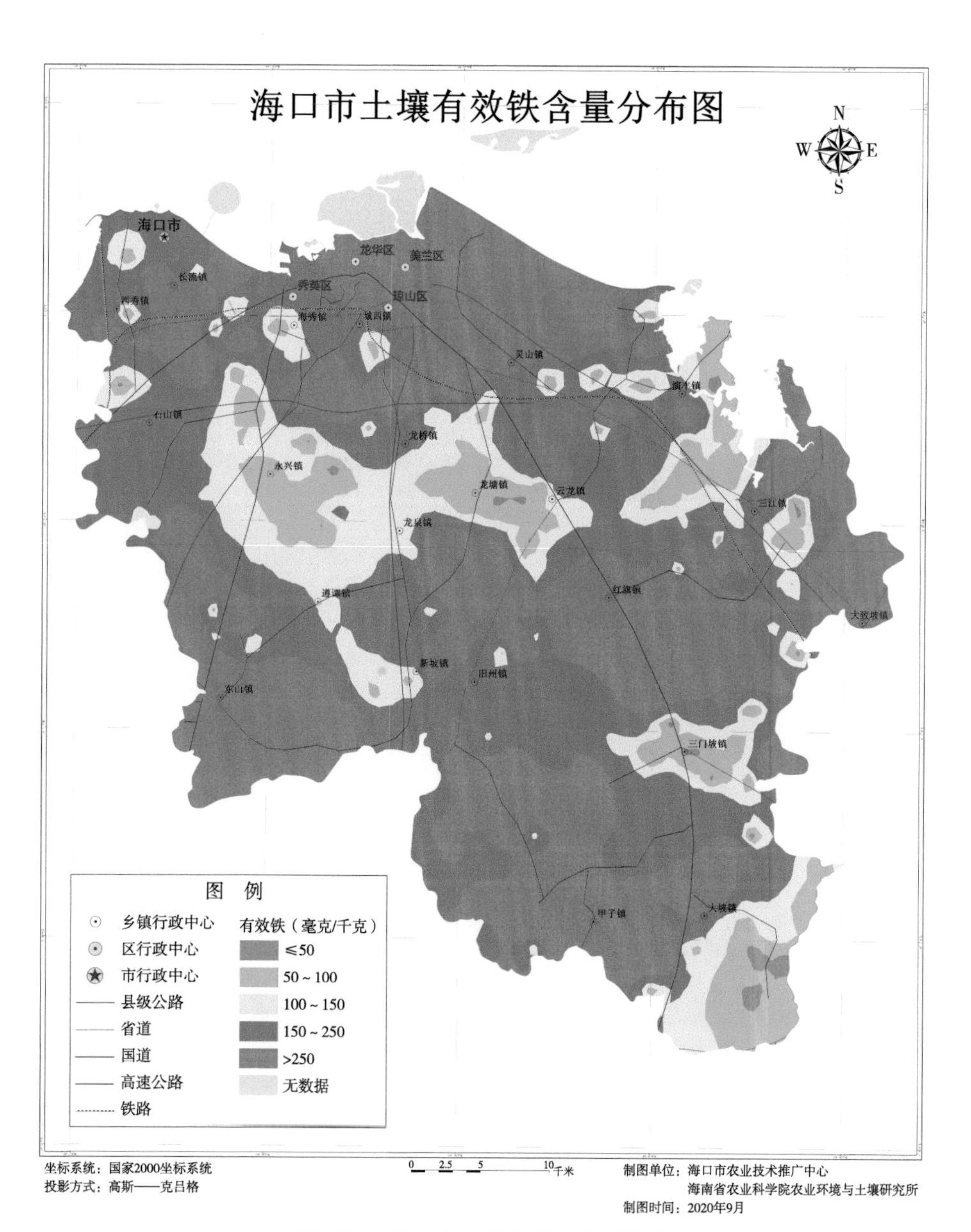

彩图15　海口市土壤有效铁含量分布

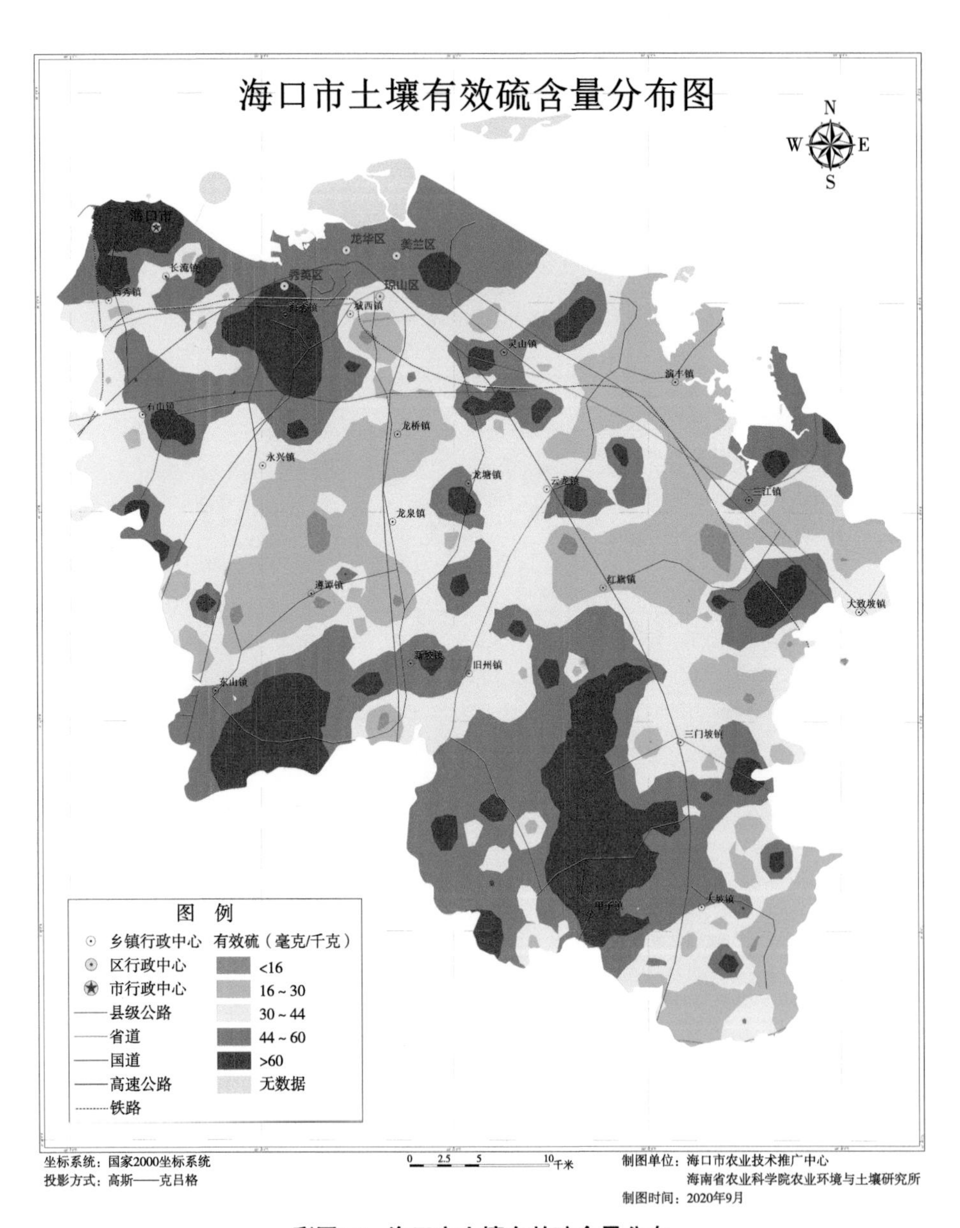

彩图16　海口市土壤有效硫含量分布

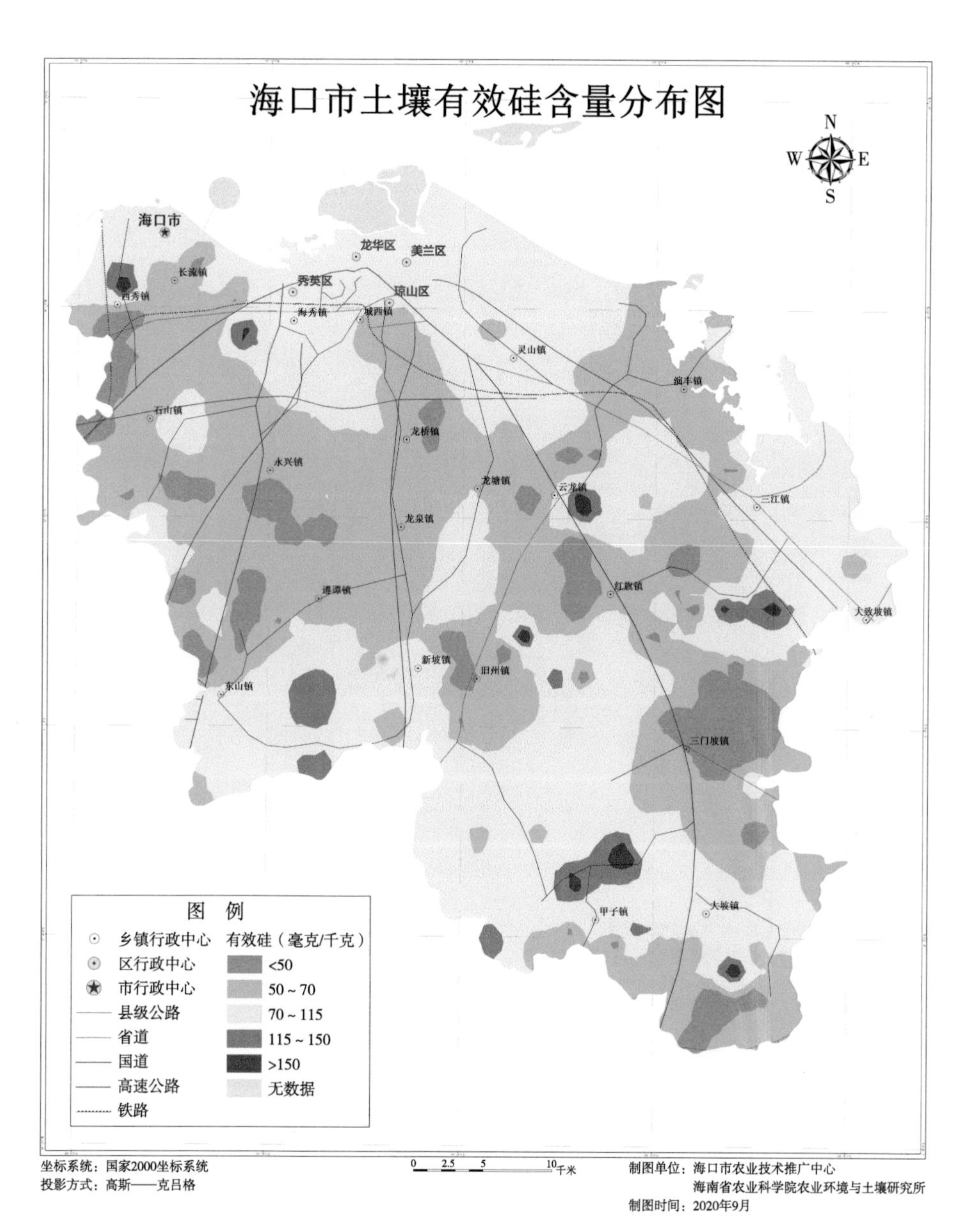

彩图17　海口市土壤有效硅含量分布

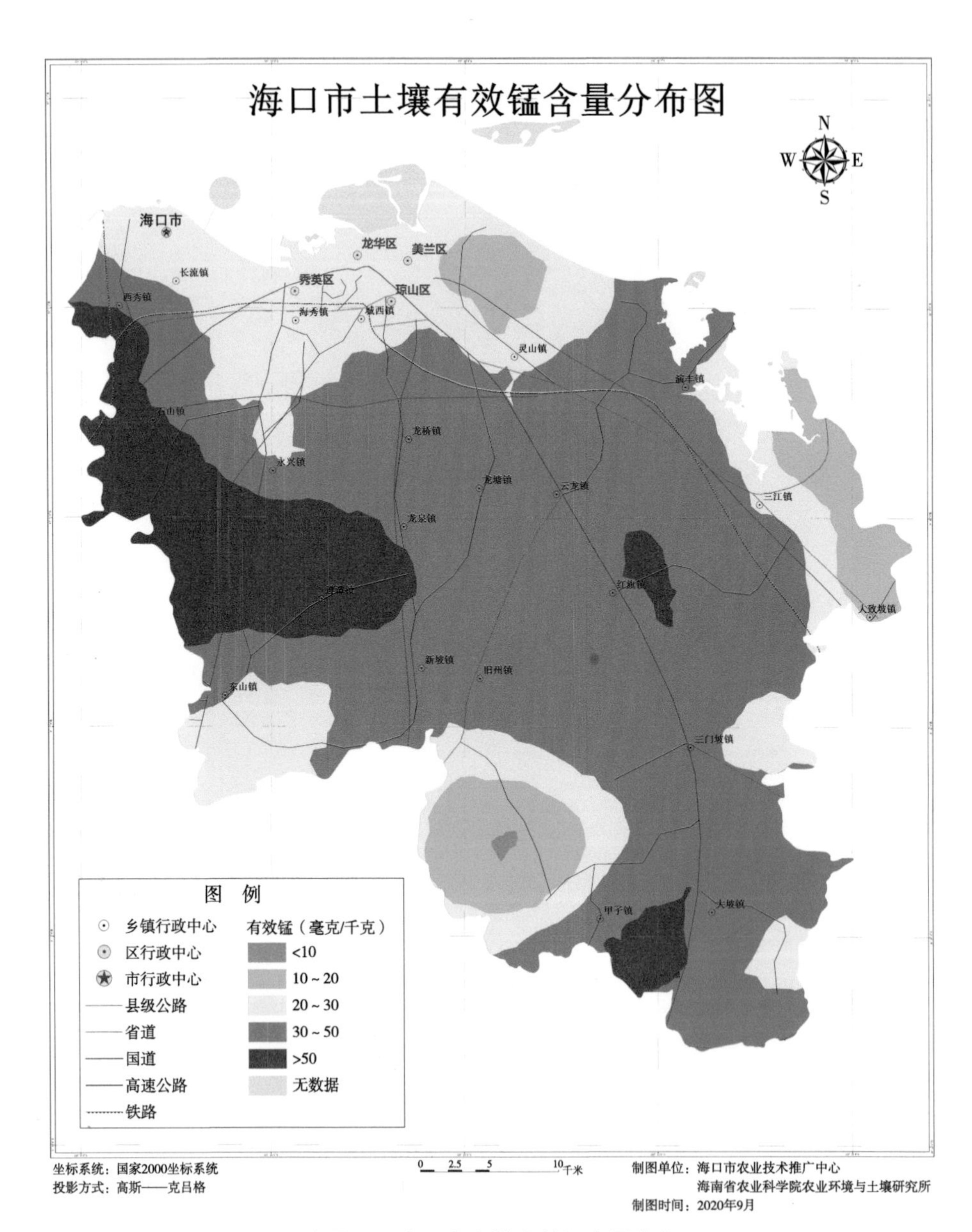

彩图18 海口市土壤有效锰含量分布